土居老舗傳承百年の昆布家常味

大阪・空堀
昆布土居

原點

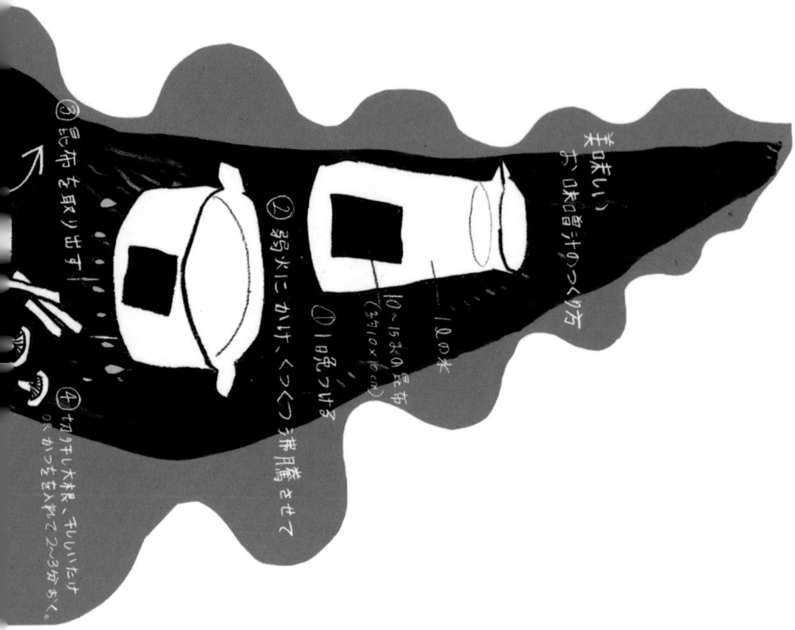

前言

生為昆布店老闆之子，我從小與昆布為伍，從不覺得昆布哪裡稀奇。長大後，我順其自然地接下了父親的事業，繼續經營這家百年老店，不過老實說，剛接管時，我對昆布的態度依舊，一點也感覺不到昆布有什麼特別的吸引力。之所以繼承父業，單純只是不忍父親畢生的心血在我這一代變成歷史。然而，就在日日月月、反反覆覆的工作中，我有了一個新的體會：昆布絕不僅止於昆布而已。

近幾年來，昆布逐漸受到全球矚目，十多年前，經由法國廚師多明尼克・考比*先生的引介，一位巴黎米其林三星級主廚首度登門，來我們家學昆布，當時我當真有種受寵若驚的感覺。但是如今，我老早司空見慣了名廚來訪，絲毫不以為奇。年輕時，我也一度對西方文明充滿了嚮往和憧憬，也曾飄洋過海喝了幾滴洋墨水，回想當年，而今心中不免留著幾分遺憾，因為光是墨水畢竟不夠。我逐漸體會到，更重要的，是那份成為承傳者的喜悅與榮耀，以及研發自家獨到技術的整個過程。

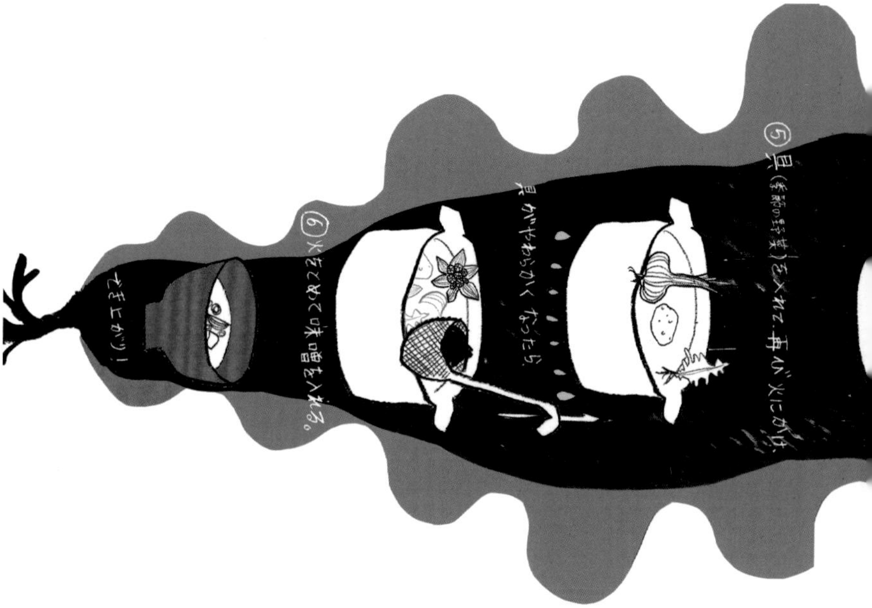

昆布這玩意兒，正因為早已深入人心，家家戶戶都習以為常，所以絕大多數的日本人其實反而對昆布的瞭解非常有限。因此在這本書裡，我不只記錄了我們日日夜夜、念念不忘的昆布和相關的食品嘗試，也將一併介紹「昆布土居」百年來的歷史腳印和許多我們推薦的實用菜單。這本書等於是我和家父、家母，我們土居家每一個成員同心協力所完成的共同創作。目的只是希望能有更多的讀者，能夠親身感受到昆布的原汁原味。可能的話，請別再使用化學調味料了。我們深信，只要能夠端出使用了絕好的高湯的菜色，必定能夠加倍感受到生活滿足和更為真切的富裕。建議您就從一碗美味的味噌湯和一碗香噴噴的白飯開始。倘若有讀者能夠經由這本書，重新找回那原本近在咫尺、卻從未覺察的昆布魅力，將是我們最大的欣慰。

昆布土居　第四代店主　土居純一

＊多明尼克・考比（Dominique Corby）……生於巴黎，法國籍。十五歲入行，一九九一年擔任「銀塔餐廳」（La Tour d'Argent）巴黎總店副廚師，九四年訪日，於「銀塔餐廳東京分店」擔任總廚師，〇二年至一〇年五月任大阪新大谷飯店（Hotel New Otani）「櫻花廳」總廚。餐廚事業始於東京、法國，致力於文化推廣，對日本文化具有相當深入的認識。

土居老舖傳承百年の昆布家常味

【目錄】

閱讀注意事項

日本的昆布和台灣的海帶有些許差異，而本書是針對日本昆布而言。製作料理時，所使用的調味品說明如下所示。建議選用品質安全良好的調味品，風味更佳。良心經營的廠商所在多有，但以慎選為宜。無需絕對照章行事，但請務必慎選。關於調味品的挑選方法，請參看昆布土居官方網站「關於原料、食材」。

網址：http://www.konbudoi.info

（舉例）

砂糖……和三盆糖、北海道甜菜糖
鹽巴……使用日本國內海水日曬乾燥製成
醬油……原料為天然黃豆、小麥、鹽巴
味增……原料為黃豆、麴（麥麴或米麴等）、鹽巴
酒……原料為米、米麴
味醂……原料為糯米、米麴、米酒（乙類純蒸餾）
（上述材料以日本國產為優）
油……採壓榨法製成

十倍濃縮高湯

昆布土居產品。僅以昆布、柴魚、鹽巴做為原料製成。稀釋十倍後使用。
分為「本格」和「標準」兩種等級。

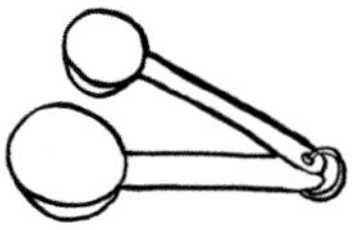

分量標準	
一小匙	＝ 5 cc
一大匙	＝ 15 cc
一杯	＝ 200 cc
一合	＝ 180 cc

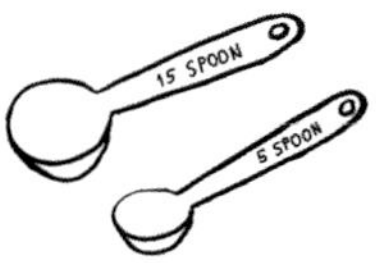

＊計量單位一律以刮平或平滿為原則。
＊烤箱等烹飪器材，請詳閱廠商產品說明書，正確操作使用。

你不能不知的昆布歷史

源自海洋的禮物

隨著運輸工具和資訊產業的不斷發展演進，世界越變越小，城鄉之間的距離也越來越近。就在世界正朝向全球化邁進的今天，人們向海外推廣日本特有文化及其魅力的意願也逐漸成形。二〇一三年，日本傳統飲食文化（簡稱「和食」）正式通過聯合國教科文組織審核，完成了「無形文化資產」的登錄。然而，國際間卻把主要焦點放在更早期的日本飲食，而非當代的和食。原來，在世人普遍的認知裡，昔日的日本傳統飲食才堪稱有助於健康、長壽的理想組合，人們對於傳統和食順應季節選擇食材與調理的方法，更是讚譽有加。其中又尤以日本獨到的「高湯」最受矚目。的確，懂得使用高湯的國家所在多有，但唯獨日本的高湯別具一格，和世界各國的做法有著極為顯著的出入。而且，地球上使用昆布製作高湯的國家，日本不僅自古如此，而且絕此一家、別無分號。

不過使用「昆布高湯」的飲食，在過去，和食確實是閃亮的一顆星，然而近幾年來，昆布高湯早已不再是和食的專利了。國際間不少一流的主廚和料理師傅，不僅已懂得如何善用昆布，其製作的手法甚至遠遠超乎日本人所能想像。這樣的發展，不禁讓我們深深感受到，昆布的學問之深，實在值得大家繼續探究，並且知所珍惜。真正良質的昆布高湯向來作風保守、低調，永遠自甘居處幕後，旨在提味，好讓菜色更見美味。誠如「Umami」*已成為全球公認的字彙，如今在各國的字辭典中，都能找到這個以日語發音，代表著「鮮味」的名詞，由此可見，和食在全球飲食文化中，早已享有屹立不搖的地位。而其中公認最具鮮味成分的食材，也正是昆布。擁有如此珍貴的食材，實在不能不說是老天爺賜給日本的一份源自海洋的禮物。

昆布和高湯的發展現況

昆布文化可以說是全球絕無僅有的一種文化發展。不過不可諱言的，在發展的同時，也正逐漸

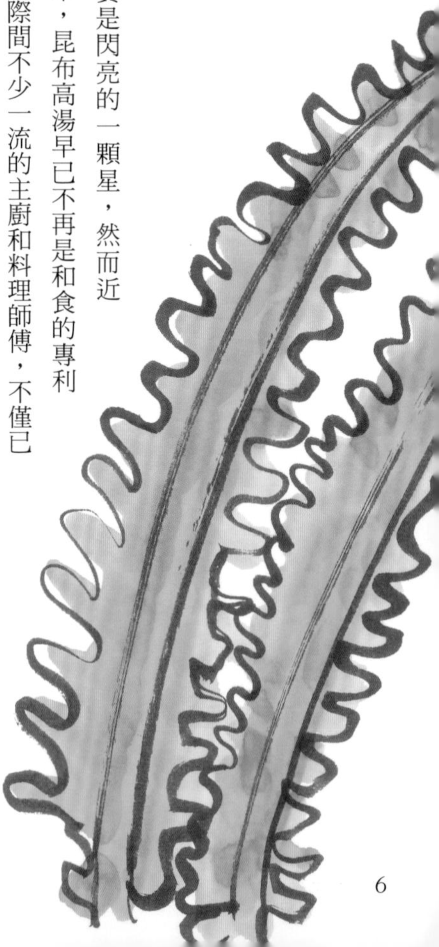

圖一 昆布年度採收總量統計表

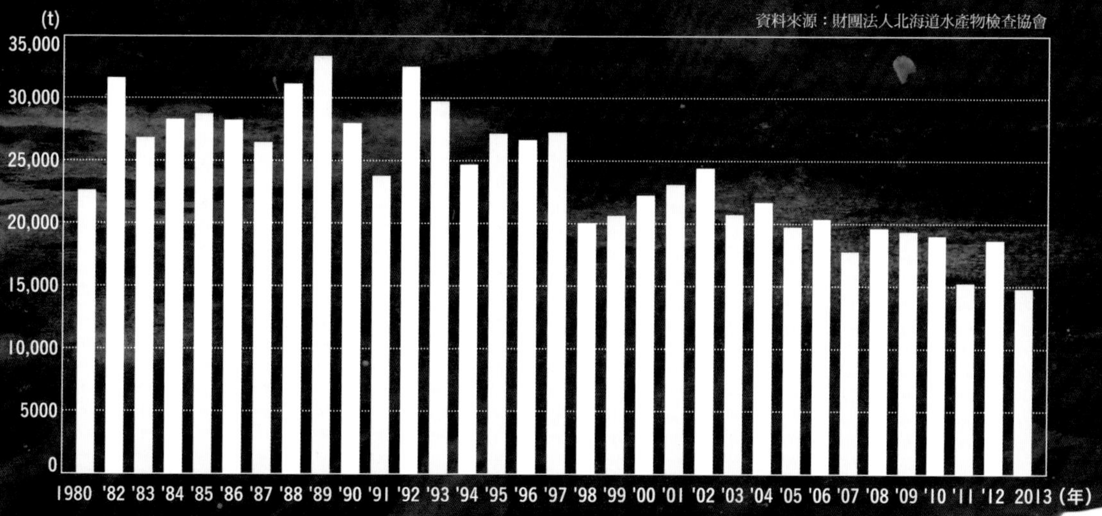
資料來源：財團法人北海道水產物檢查協會
(t)
35,000
30,000
25,000
20,000
15,000
10,000
5000
0
1980 '82 '83 '84 '85 '86 '87 '88 '89 '90 '91 '92 '93 '94 '95 '96 '97 '98 '99 '00 '01 '02 '03 '04 '05 '06 '07 '08 '09 '10 '11 '12 2013 (年)

步上了凋零之途。三十年前北海道每年的昆布產量約為三萬公噸，如今卻下降至過去的一半不到（參照圖一）。有人認為，主因在於海洋環境的改變，造成昆布採收不易。

然而這並非事實，真正的原因其實在於昆布的銷量銳減。過去日本人的一餐飯基本上是一菜一湯，亦即白飯搭配味噌湯和一碟小菜。其中味噌湯必定少不了用高湯提味，而絕大多數的日式小菜也是如此。換言之，真正改變的並非自然環境，而是日本傳統的飲食習慣正在式微。

由於生活方式的普遍西化，不僅減少了高湯的使用，甚至如今會在家中自製高湯的家庭也少之又少。取而代之的，是一些市售、可以隨買即用的顆粒或液體的濃縮高湯。當然，倘若濃縮高湯的原料源自昆布和柴魚，那也不成問題，問題是，很遺憾的，我們根本找不到這樣的商品。市售高湯料的主要原料清一色都是化學調味劑（商品上會標示為「胺基酸」）或酵母抽出物的食用鮮味劑。換言之，儘管日式高湯備受世人好評，日本的昆布文化卻已然凋零到幾乎無可挽回的地步。這個問題實在值得身為日本人的我們重視，有必要重新檢視昆布的價值和日常的飲食習慣。

＊Umami

與舌頭所能感知的酸、甜、苦、鹹四大基本口味並稱的一種特殊風味。經研究發現，昆布中含有鮮味成分麩胺酸（glutamic acid），因而確定為第五種基本口味。而且此種口味，在西方的飲食文化歷史中從未出現過，因此西方人才會以日語發音做為新字。目前所知的鮮味成分除麩胺酸外，另有柴魚所含的核苷酸（inosinic acid）和香菇所含的鳥苷酸（guanylic acid）。

大阪與昆布的關係

昆布絲路

說起昆布的歷史，就不能不提及大阪和「北前船」了。大阪自古以來一向是日本昆布的集散中心，而「北前船」則是日本江戶時代（一六〇三～一八六八年）中期至明治年間（一八六八～一九一二年）往返於北海道和大阪之間，負責運送物資的商船。隨著日本西海岸航線，俗稱「昆布絲路」的開通（參照圖一），北海道的物產得以直接經由海路運往大阪，而昆布正是其中所運送的一項重要物資。從此以後，昆布的需求逐漸為大阪民眾所接受，進而形成了所謂的昆布文化。而在此之前，儘管北海道的昆布也會停靠日本海沿岸的港口，在敦賀、小濱上岸，再經由陸運送往近江和京都等地，但是運量不多，因此昆布遂成為王公貴族方能享用的奢侈品。不過昆布一旦送抵了號稱「天下台所」（譯註：世界廚房）的大阪，加工販售昆布的店家隨即如雨後春筍一般出現，終於發展成為一種專門的行業。昆布土居所在的大阪空堀商店街，過去便有多家昆布專賣店，然而如今僅剩下我們這一家。

昆布之王・真昆布

日本百分之九〇以上的昆布，產地都屬北海道，而且種類繁多（參照圖二）。其中又有十來個種類最負盛名且各具特色，包括最適合做成昆布捲和黑輪的日高昆布、味道香濃的羅臼昆布、最受京都人青睞的利尻昆布等等（參照圖三）。而當中又以主要產自函館，亦即北海道南岸的「真昆布」更屬箇中極品。絕大多數的昆布種類都習慣以產地命名，唯獨函館出產的昆布被冠上了「真」字，甚至從學名「*laminaria japonica*」亦可以看出，真昆布貨真價實是日本最具代表性的昆布種類。真昆布的特

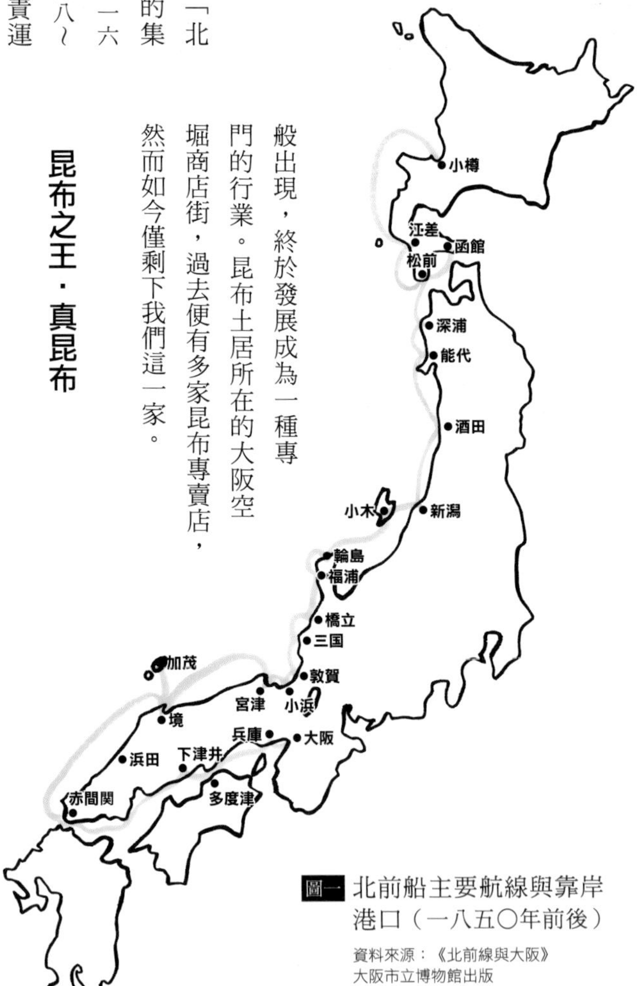

小樽
江差
函館
松前
深浦
能代
酒田
小木
新潟
輪島
福浦
橋立
三国
加茂
敦賀
宮津
小浜
境
兵庫
大阪
浜田
下津井
赤間関
多度津

圖一 北前船主要航線與靠岸港口（一八五〇年前後）

資料來源：《北前線與大阪》大阪市立博物館出版

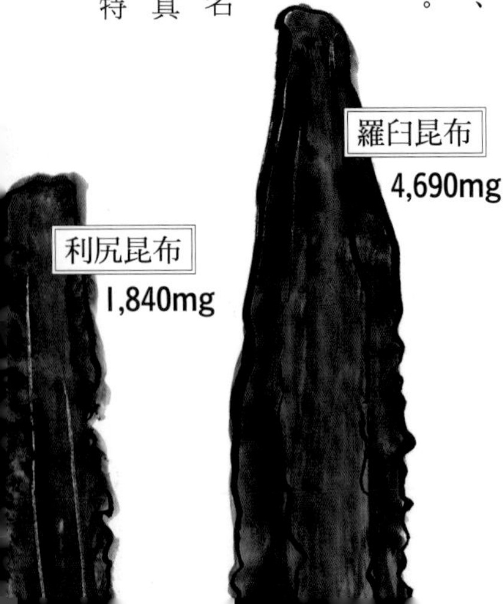

羅臼昆布
4,690mg
利尻昆布
1,840mg

色在於具有一種獨特而且濃厚的鮮味，天生即是最高等級的昆布品種。

不過各地方所出產的真昆布口味又稍有不同。其中尤以舊南茅部町（經合併後目前劃歸函館市）的川汲海岸和尾札部海岸（參照圖四）所出產的白口濱真昆布最為行家所稱道，過去曾是地方獻給朝廷和將軍府的貢品，俗稱「獻上昆布」。

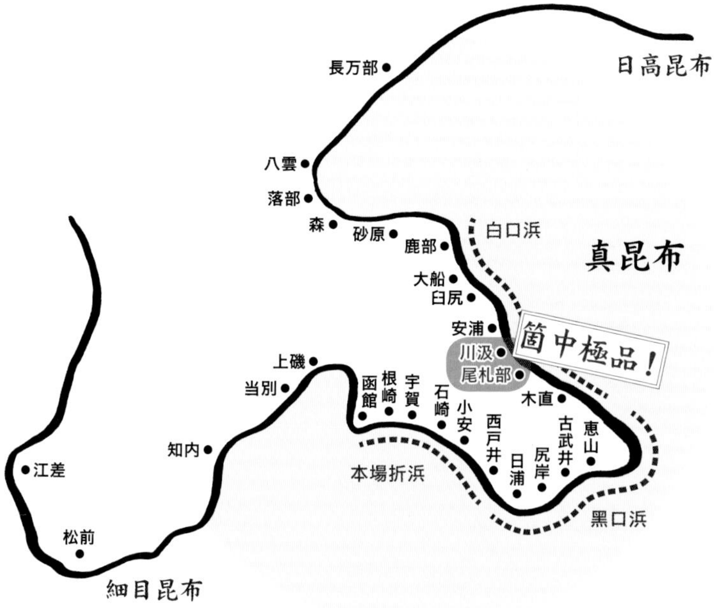
日高昆布
長万部
八雲
落部
森
砂原
鹿部
白口浜
真昆布
大船
臼尻
安浦
川汲
尾札部
箇中極品！
上磯
当別
函館
根崎
宇賀
石崎
小安
木直
西戸井
日浦
尻岸
古武井
恵山
知内
江差
本場折浜
黒口浜
松前
細目昆布

圖四 真昆布產地 放大圖

總之，品質最好的昆布幾乎都必須經由大阪的加工，才得以流通。而昆布土居也躬逢其盛，自明治時代的初代店主，一脈相傳，延續至今。直到目前，我們所販售的昆布，九成以上都是產自川汲海岸的天然真昆布。

圖二 昆布產地與種類

資料來源：北海道水產檢查協會網站、大阪昆布八十年、昆布網

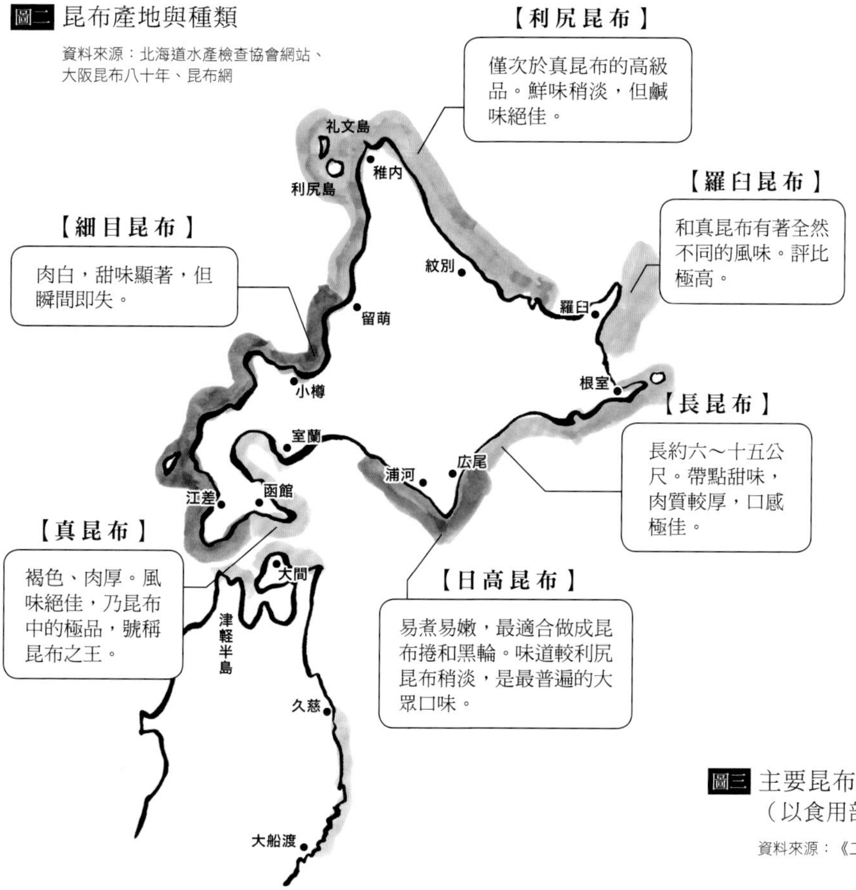
【利尻昆布】
僅次於真昆布的高級品。鮮味稍淡，但鹹味絕佳。
礼文島
稚内
利尻島
【羅臼昆布】
和真昆布有著全然不同的風味。評比極高。
【細目昆布】
肉白，甜味顯著，但瞬間即失。
紋別
羅臼
留萌
小樽
根室
【長昆布】
長約六～十五公尺。帶點甜味，肉質較厚，口感極佳。
室蘭
広尾
浦河
江差
函館
【真昆布】
褐色、肉厚。風味絕佳，乃昆布中的極品，號稱昆布之王。
【日高昆布】
易煮易嫩，最適合做成昆布捲和黑輪。味道較利尻昆布稍淡，是最普遍的大眾口味。
大間
津軽半島
久慈
大船渡

真昆布
2,470mg

圖三 主要昆布麩胺酸含量（以食用部位 100g 計）

資料來源：《二〇一四年昆布手冊》

高湯的基底風味來自昆布

正式進入高湯的話題。若能掌握本節的重點，肯定能作出更為鮮美的料理，下廚也將變成一種生活的享受。

選用好昆布，作出好高湯

有人說，高湯的製作是一門深奧的學問。不過就我們經驗講，其實「製作一鍋日式高湯是件再簡單不過的事兒！」只要把昆布放入水中浸泡幾個小時，就是一鍋如假包換的高湯了。但是專業的料理師傅則另有奇招，而且招數百百種。好比我們聽說有師傅習慣用六〇度的水溫，慢慢熬煮昆布一個小時。這招挺好，只不過對一般家庭並不實用。建議您不妨試試這個方法：「先把昆布浸泡幾個小時，然後把水煮到接近沸騰的時候，立刻撈起」。就這麼簡單。這種製作高湯的方法，倘若嚐不出湯裡的鮮味，最可能的原因，應該出在您所買的昆布品質欠佳。「巧婦難為無米之炊」，昆布的品質欠佳，就算料理達人也束手無策，絕不可能作得出鮮濃味美的好高湯。由此可見，製作高湯最大的關鍵就在昆布的挑選。

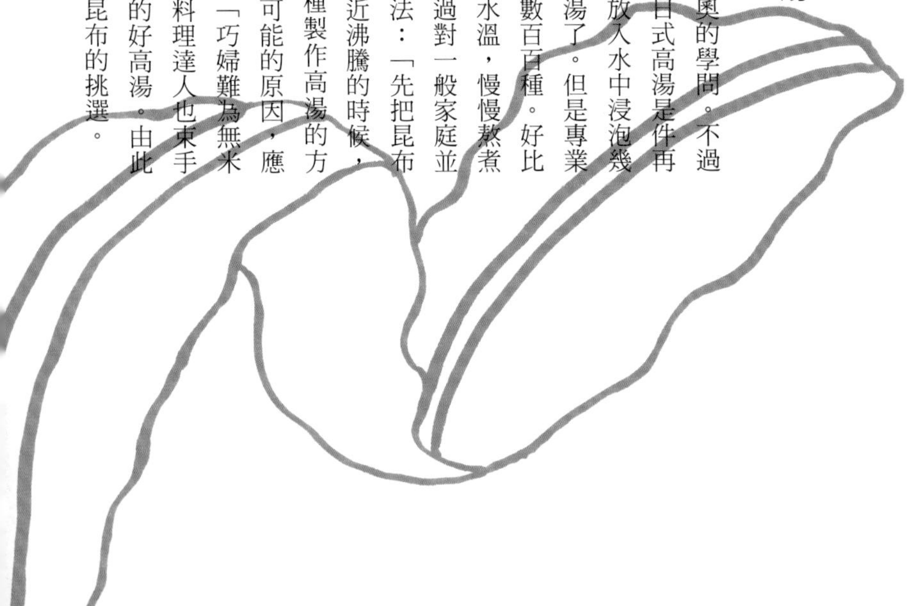

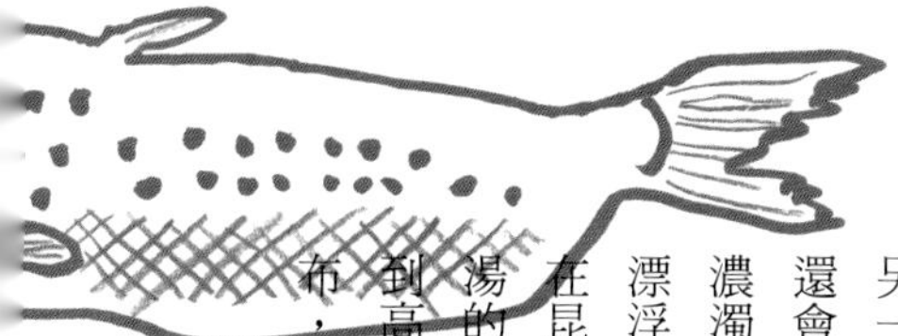

最適合用來製作高湯的昆布，如前所述，包括真昆布、羅臼昆布、利尻昆布等三種。日高昆布也不能說不適合，只是作出來的鮮味明顯不及上述三種。而且特別值得留意的是，上述三種昆布，目前都有人工養殖的，建議盡可能選用天然的為宜。使用人工養殖的昆布所作成的高湯，味道並不至於太差，適量選用無傷大雅，只不過品質上遠遠不及天然昆布倒也是真話。

說到這裡，問題就來了。人工養殖或採用所謂「促成栽培」種植的昆布，通常並不會清楚標示在包裝上。很遺憾的，即使去問超市的店長，他們多半也是一問三不知。所以，倘若家裡附近有間昆布專賣店，不如直接跟裡頭的昆布專家購買，最為實惠，只可惜這年頭，昆布專賣店根本可遇不可求。總而言之，選擇好的昆布，加上浸泡時間充足，一般來說鮮味肯定是掛保證的。另一個可能發生的問題是，在鮮濃味美的同時，還會聞到或嚐出那麼點兒怪味，或者高湯的色澤濃濁，感覺髒髒的，要不就是昆布的表皮剝落，漂浮在湯面上。造成的原因和前述的一樣，也出在昆布的品質。真正品質良好的昆布，在製作高湯的過程中，不論您如何翻攪，通常都不會影響到高湯的質量。一旦出現異狀，不妨立刻撈起昆布，無需等到沸騰，這樣至少狀況可以稍微減輕。由此可知，真正有學問的並不在於高湯，而在於昆布的挑選。昆布的鮮味表現不僅會因產地的不同而略有差異，在專業的昆布師傅眼中，每一片昆布的品質也不盡相同，甚至連每一片昆布的成熟度都可能影響到高湯的口味，必須一一經過嚴格挑選，才可能達到最高的品質保證。

通常，當您發現高湯的味道有些不對勁時，只要加入一點柴魚片或小魚乾，絕大多數的狀況都能迎刃而解。重點是，請慢慢體會其中的天然風味。同時也好好感受製作色香味俱全的高湯的整個過程。昆布的魅力盡在這個過程中。另外補充一點，天然的高湯富含各種營養素，譬如海洋礦物質。這些營養素都是顆粒狀的濃縮高湯所不可能擁有的。所以，請務必養成自製高湯的習慣。

＊昆布再利用

我們常聽客人說，「作成高湯所剩下來的昆布，若直接扔掉多可惜！」書店裡或網路上，隨處可見譬如將它們再製成小菜或者米糠醬菜之類的食譜。不過本書所介紹的再製法跟他們稍有不同，請務必一試。我們每一種方法不但做法簡單，而且味美實在。

最基本的高湯製作法

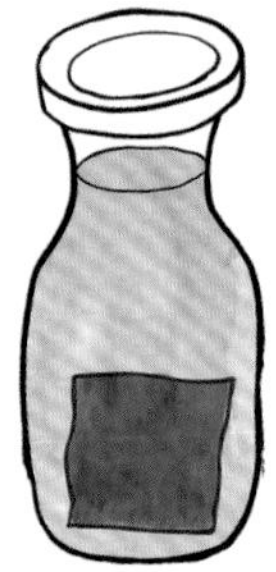

關於日式高湯的製作，前一節已經說過，是件再簡單不過的事。不論您決定採用哪一種方法，一定都能感受到昆布自然天成的力道。若再根據情況，搭配柴魚片或乾香菇，相信一定更能作出香味四溢的高湯。總之，作法超乎想像的簡單，儘管下鍋，無需任何顧忌。

昆布基底高湯

接下來，我們要正式把焦點擺在昆布高湯了。請切記一點，昆布本身的品質才是高湯的關鍵。只要品質沒有問題，單單使用昆布即可製作出一鍋鮮濃味美的高湯。

水*……1ℓ

昆布……10g～15g

*盡可能使用軟水。由於地下水或礦泉水本身含有礦物質，反而不容易提取出昆布所含的高湯精華。

1 將昆布放入水中，至少浸泡兩個小時（可能的話浸泡一整夜）。

2 將水煮至將近沸騰，立刻撈起昆布。

*若來不及長時間浸泡，請用小火慢熬。

- 昆布高湯義式什錦蔬菜湯（→34頁）
- 昆布香菇湯（→60頁）
- 昆布高湯義式燉飯（→66頁）

搭配組合

1

柴魚片類（鰹魚片、鯖魚片等）

這是昆布高湯最基本的搭配組合。所製成的高湯是絕大多數日式料理的基本湯頭。

水……1ℓ
昆布……10g～15g
柴魚片……10g～15g

1 先完成「昆布基底高湯」，然後放入柴魚片川燙二～三分鐘，再用細目濾網撈起柴魚片。

大阪烏龍麵使用的

綜合柴魚片

採用宗田鰹魚或鯖魚、脂眼鯡（譯註：台灣俗稱鰮仔）的柴魚片綜合而成。

- 加藥御飯（→26頁）
- 章魚燒（→58頁）
- 烏龍麵（→68頁）

搭配組合

2

其他（小魚乾、乾香菇等）

由於小魚乾和香菇皆屬乾貨，製作前和昆布一樣，必須先行浸泡。和昆布分別浸泡，更容易提取出昆布本身的高湯精華。兩者經過混合後，昆布高湯會被稀釋，因此「昆布基底高湯」最好作得濃稠一些。

乾香菇……1ℓ水15g
小魚乾……1ℓ水20g

1 用水稍微沖洗後，浸泡一夜。

2 放入鍋中，將水煮至沸騰後撈起（香菇亦可在加熱前取出。沸騰有助於去除小魚乾本身的腥臭味）。

3 加入已經另行作成的「昆布基底高湯」。

＊記得根據菜色決定用量多寡。

徹底擁有

小魚乾的獨特風味

若想吃出小魚乾獨到的口味，使用前可先行剝除小魚乾的魚頭和內臟。

- 味噌湯（→44頁）
- 扁爐火鍋（→94頁）

※本書所記載的分量，一律以本節為基準。

1988. 8

出國旅遊全家福。由於參加旅行團，
遂跟風留下了此一當年日本時下流行的旅遊紀念。

2014. 3

二十六年後，攝於空堀店門口。
此合照約莫是自上回香港之旅以來的第一張全家福，土居家添了個孫子。

第三代店主・土居成吉眼中的土居物語

初代店主土居音七（左），攝於當時的店門口。

土居家家風「親切就是全然付出」

我們家，並沒有什麼特別的家訓。勉強稱得上家訓的，頂多是在一般人家都聽得到的「別借人家錢、別向人借錢」（真不得已，則會改成「早借早還、再借不難」），還有「別幫人作保」之類的告誡而已。不過儘管沒有家訓，我們土居家倒是有「家風」。

初代店主土居音七，也就是家祖父，在我小學一年級時便過世了。他對我疼愛有加，這是我對祖父僅有的記憶。根據長輩們的說法，祖父非常在乎和本家（學徒時的師父家）的關係。後來傳到二代店主，家父土居太一郎，他也繼承了這個「家風」，經常主動抽空去本家幫忙。家父對於機具設計的興趣遠遠勝於經營我們家的昆布事業。當年業界大多使用剪刀或鍘刀裁切昆布，後來家父自行研發了一種手動迴轉式的角切機。想當然耳，本家也跟進採用了這樣工具。不過研發之初機器容易故障，記得當時家父三不五時便會趕去本家幫忙修理。根據家母的說法，這台角切機的發想，源自於他在家母淡路島的娘家看到了一台專門用來裁切牛隻飼料稻草的鍘刀。這台角切機日後幾經改良，手動式改成了電動式，一直沿用至今，如今已然是昆布業界家家必備的生財器具。

除此之外，家父一輩子最討厭的就是顧店，在店頭幾乎看不見他的身影。所以店面一度亂成一團，髒亂到連當時的我都感覺羞於見人。後來家裡雇用了一位專門負責磨製細絲昆布的師傅，從此這位師傅便負起了顧店的重責大任，而且還經常出資援助製作角切機的鐵工廠。有一回師傅突然在我耳邊輕輕念了一聲，「親切就是全然的付出」，這是他在我心中留下印象最深刻的一句話，聽到時的感動延續至今。

二代店主土居太一郎所發明的昆布角切機。

就我個人的看法，家父是個興趣多樣卻不務正業的二代店主。他老喜歡碎碎叨叨，「賣吃的有啥搞頭！這家店，能為家裡攢個兩三成的銀子就行啦！」這樣的想法所帶來的結果是，我們家的事業始終維持老店一家，小本經營，別無分號。不過話說回來，儘管稱不上有錢人家，土居家卻也從來不見拮据的時候，我們幾個兄弟姊妹都能在豐衣足食的環境中長大。

記得還沒升上小學四年級以前，某天父親買了一套火車模型給我。這套模型並非完成品，而是必須自行組裝的那種。讓我非常地樂在其中，它也成了我童年時最寶貝的玩具，可惜後來不翼而飛，不知跑哪裡去了。高二那年，父親還買了一輛機車，和一台當時難得一見的卡式立體錄放音機。就在這樣的成長背景中，很自然的，我也對機械產生了興趣。而且除我以外，當年的玩伴瀧本秀一和堂弟土居昭夫也跟我一樣成了機械迷。他們兩人都有著我所欠缺的優點，在成長的過程中，帶給了我不少正面的刺激和啟發。

興趣乃是經營事業的創意之源

在這樣的背景下，我的興趣之豐富絲毫也不亞於家父，繼承家業以後，我也一樣好玩不務正業。我曾經自製過一台揚聲器，下海撈過小魚回家飼養，甚至打造過一艘小艇和螺旋槳引擎。後

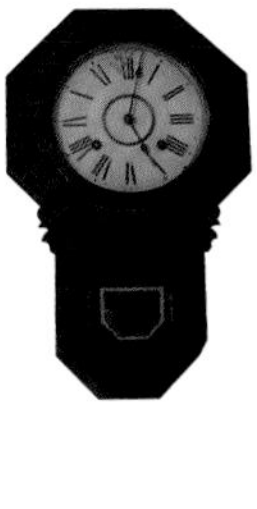

一九八八年的「昆布土居」。

資料來源：「甘辛手帖」（Create 關西出版社發行）一九八八年五月號。

來，又發明了一種飼養海水魚用的循環過濾器，還申請了專利，把專利賣給了水族館，再把得來的錢買了一艘差不多小型巴士那樣大小的二手木造遊艇。我的大女兒佐知子幼稚園時，我帶著她出海兜風，結果被一艘漁船追撞，兩個人差點喪命。經過這次教訓，我才稍微收斂，浪子回頭，決心重歸正途，專心本業。當然，我從未真正荒廢家裡的事業，打從接管父業那一天起，我便希望能製造出品質更佳的昆布產品。當時日本人常把昆布這類民生用品稱為「純生食品」，而且時值從戰後物資缺乏的年代，進入大量生產的時代。我清楚記得，那些年經常可以從電視上聽到一個說法，「物大便是美！」。

於是隨著時代潮流的變遷，許多食品逐漸遠離了傳統。過去戰後物資缺乏的年代，店家必須在最有限的資源條件下，創造出最能夠滿足人們需求的產品。我們只能用極少量的米製造清酒和醋，拿黃豆渣來生產醬油。可是一旦進入了經濟富足的時代，大企業開始涉足食品製造業，為了獲取更多的利益，許多廠商紛紛揚棄了過去傳統的生產方式，改以號稱科學、進步的方法製造。

身為第三代店主的我，正巧生在這個時代巨變的當口。儘管我興趣豐富又一度不務正業，但是對於食物的品味，從未放棄個人的堅持。自小我就是個對家中飲食意見最多的孩子，繼承家業以後，念茲在茲的則是該如何挑選更好的原料，譬如鹽昆布用的醬油和味醂，山藥昆布用的醋等等。就在此時，我巧遇了和歌山的三星醬油，透過野村太兵衛先生*的引薦，加入了「良作食品會」*，自此，我的視野大開，一時間便解決了我多年以來梗在心頭的所有問題。從此以後，我

對原料的要求更是不落人後。更重要的是我體會到，能夠生產出自己真正想吃、愛吃的食品，那種心情真是無可比擬的好。

內人京子出生在一個從來不吝於飲食的家庭。他們家不是動輒往高級餐廳、飯店裡竄的那種，而是我丈母娘向來都是親自下廚，每天為家人作出量多味美的餐點。京子的成長經驗，也讓我的事業跟著沾光。本書所提供的菜色，一部份原本是她的拿手私房菜，後來都成了昆布土居的招牌商品。即使再忙，她從來不會省略用昆布和柴魚片製作高湯的手續，這也正是後來我之所以開發「十倍高湯」的動力。設計機具原本就是我的專長，所以所有生產所需的設備（包括一些其實根本非必要的機具），包括鹽蕗昆布的乾燥機、醃製蕗菜的去鹽裝置、昆布粉用的進粉器，幾乎都是我和機械廠商共同開發之作。我前半生對於機械的愛好，幾乎完全派上了用場。也因為我瞭解每一樣機具的結構，懂得如何維護，因此所有的設備都很經久耐用。加上一般簡單的維修我都自己來，所以發生緊急狀況時，在聯絡廠商來修理之前，我也總能預先做好必要的應變。唯一的缺點是，能者多勞，我變得比一些機械白癡忙碌得多。

在小孩的教育方面，我慢慢懂得盡量克制個人的嗜好。大女兒因為愛好旅行，現在定居海外。兒子則除了因為熱愛大海，衝浪、浮潛、水上機車樣樣精通，還喜歡在家DIY，鋪設地板、粉刷牆壁，後來居然說要去考電匠執照。於是我告誡他，「男人就要會打獵，只會作菜，不懂水電，哪裡算個男人！」結果居然還真給這小子考上了。兒子小時候外公曾送了他一套德國玩具商博蘭（Märklin）公司生產的HO軌火車模型，可是他興趣缺缺，最後這套模型讓我玩了三〇年，至今仍是我珍藏的寶貝*。興趣嗜好姑且不談，如今兒子願意承接我的事業，願意繼續堅持製造優質的食品，是我最大的欣慰。至於我們家乖孫的教育，我照舊繼續克制嗜好，不時諄諄教誨，可惜，他現在滿腦子只有棒球。

*野村太兵衛先生
和歌山縣御坊市三星醬油釀造廠堀河屋的老闆。

*良作食品會
為預防良心的食品製造商遭到孤立、被社會遺忘，一九七五年由八家廠商所合力發起成立。請參照一〇八頁。

*HO軌火車模型
已公開於YouTube，歡迎觀賞。
網址：https://www.youtube.com/watch?v=8s7rHCLWm-Y

土居

餵養土居一家的
每日餐桌菜餚

「日常的菜色必須既不費功，且是一道道漂亮的菜餚，絕不隨意應付了事」
是我（母・京子）對料理最基本的要求。同時盡可能買入品質良好的食材，
並且全部善用，連同作成高湯所剩餘的昆布也絕不輕易丟棄。
因為這些剩餘的昆布，不僅健康，還相當可口呢。

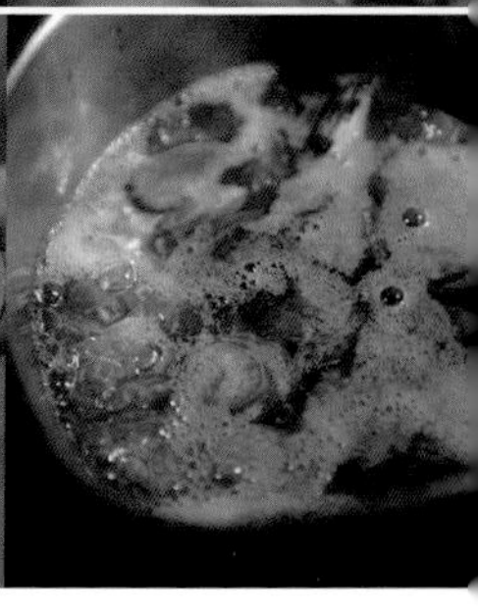

「健康什錦鍋」

我小的時候，母親為了讓家人
多多攝取蔬菜，
經常在夏季煮什錦鍋。
食慾不振的時候有這一鍋，
我總能咕嚕咕嚕地
把整碗好料吃下肚。
對烹煮的人而言，
這道料理非常簡單，
假如家中剛好
有麵包等主食可以佐餐，
便是手續簡單又營養均衡的一餐。
「吃了這鍋保證身體健康！」
我總是這樣跟孩子說，
所以這道料理就依此命名。
我女兒現在也把這道料理
當成她的招牌菜呢！

食材（2人份）

洋蔥…1個
番茄…2個
青椒…1個
馬鈴薯…3個
豬腿肉片…150g
牛乳…300cc
含鹽奶油…5g
胡椒鹽…適量
熬過高湯的昆布…依個人喜好

作法

1 洋蔥、番茄輪切成寬幅約1～1.5cm的洋蔥圈、番茄片。青椒輪切成更細一點的青椒圈。上面撒點胡椒鹽。馬鈴薯輪切成圓片，用鹽水滾一下，煮到稍微保留硬度的程度。

2 豬腿肉片切成適口大小，撒胡椒鹽稍微醃漬一下。

3 平底鍋預熱，抹上奶油，（從鍋底開始）依序放入洋蔥圈、豬肉片、馬鈴薯片、番茄片，最後倒入牛奶。

4 蓋上鍋蓋，以中火悶煮約20分鐘，煮到番茄軟爛，牛奶色澤轉透明。嘗一口湯試鹹淡。

5 加入青椒圈，再稍微加熱一下。昆布以斜角切成寬約3公分的小片，加入鍋中，即可完成料理。

＊料擺到整鍋滿滿都是的程度，燉煮起來的湯頭非常鮮美喔！

昆布高湯玉子燒

玉子燒是小朋友的最愛，
是媽媽溫柔手藝的代表。
擺在便當盒中
極具份量的玉子燒，
使用昆布高湯烹調
更能提升美味的層次。
現做現吃的玉子燒
不妨多加一點高湯，
或是以些許砂糖、味醂等
調味料增添甜味，
即可創造不同的風味。

材料（2人份）

雞蛋…3個
十倍濃縮高湯*…2小匙
油…1大匙

*請直接使用十倍濃縮高湯的原汁。

作法

1 把蛋打入碗中，加入十倍濃縮高湯，一起攪拌。

2 充分預熱玉子燒專用煎鍋，倒入充分的油。讓整個鍋面都有沾到油，然後把多餘的油倒入小碟子中備用。

3 注入蛋液，摺疊蛋皮3～4次。補充剛才留在碟子備用的油到煎鍋內，再補充蛋汁，繼續煎蛋，並且重複以上動作數次。

*利用正常濃度的高湯調製蛋液所煎出來的玉子燒，擺在便當盒內會逐漸滲出多餘水分。因此建議選用十倍濃縮高湯，以避免出水困擾。
假如沒有十倍濃縮高湯可以利用，不妨自行熬煮濃度較高的昆布柴魚高湯，加點鹽調味，即可取代十倍濃縮高湯。

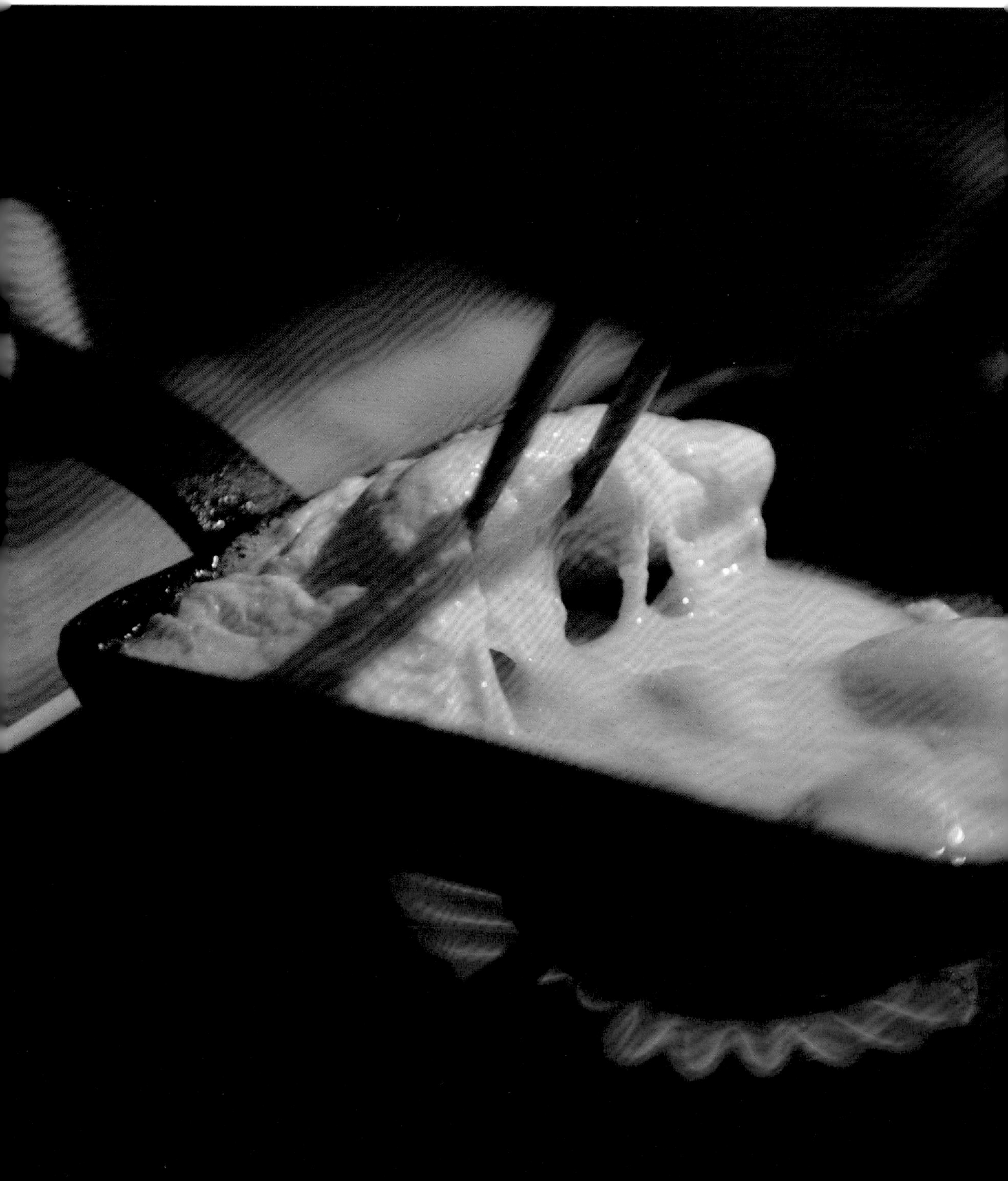

「火藥鹹飯」

融合昆布、柴魚片、蘑菇、
雞肉的甘甜，
加上醬油調和出親切的香氣，
即是任何人都喜愛的什錦鹹飯。
以調味料＋高湯取代煮飯的水，
水量不須顧慮配料多寡，
比照一般煮飯的水量即可。
做成飯糰也很好吃喔。

材料（2人份）

米…1又$\frac{1}{2}$合（約225g）
雞腿肉…100g
醬油…1又$\frac{1}{2}$大匙
清酒…1大匙
蒟蒻…$\frac{1}{4}$塊
薄片型油豆腐…$\frac{1}{2}$片
牛蒡…$\frac{1}{4}$支
柳松菇…$\frac{1}{2}$包（50g）
昆布柴魚高湯…約1又$\frac{1}{2}$杯
昆布絲（海帶絲）…5g

作法

1 米洗淨，放在篩子上瀝水備用。

2 雞肉切成適口大小，用醬油與清酒醃漬備用。

3 蒟蒻、油豆腐片先過熱水川燙一下，再切長條。蔬菜類切成稍短的長條。柳松菇掰一條一條的備用。

4 把步驟1瀝乾的米倒入煮飯鍋內，接著倒入醃漬雞腿肉的醬汁，再注入昆布柴魚高湯至煮飯鍋所提示的標準水位。

5 把昆布絲等其他配料全部加入煮飯鍋內，輕輕拌勻，按下煮飯鍵即可。

「和風高麗菜捲」

匆忙準備晚餐的時候，
只需要稍微熱一下就能上菜，
所以我很常做高麗菜捲。
只需要熱一下就能吃到許多蔬菜，
多麼健康啊！
也可以用白菜代替高麗菜，
做成白菜捲一樣很好吃喔。

材料（2人份）

內餡
- 牛絞肉…100g
- 洋蔥…1/4顆
- 雞蛋…1/2顆
- 牛奶（或水）…1小匙
- 麵包粉…1大匙
- 鹽…1/2小匙
- 胡椒…少許
- 肉豆蔻…少許

- 高麗菜葉…4片
- 昆布…5g
- 水…400cc
- 醬油…少許
- 鹽…比1/2小匙再多一點
- 胡椒…少許
- 肉桂葉*…2片

*沒有肉桂葉也沒關係。

作法

1. 小心剝下高麗菜葉，避免葉片破損。稍微川燙一下即可。
2. 在調理缽內放入牛絞肉、洋蔥丁、雞蛋、牛奶、麵包粉、高麗菜芯、鹽、胡椒、肉豆蔻攪拌均勻，分成4等分。
3. 用川燙好的高麗菜葉包裹步驟2做好的餡料。用牙籤固定，以避免菜葉綻開。
4. 昆布切成適口大小，鋪在鍋底。擺放菜捲時，用牙籤固定的部位朝下，無間隔地併排菜捲。
5. 將水、醬油、鹽與胡椒肉桂葉加入鍋內，開中火加熱。邊煮邊撈除浮沫，大約煮30分鐘即可。

*熬湯頭用的昆布可以和高麗菜一起盛盤。

紅燒熬湯昆布

紅燒牛蒡加上口感爽脆的昆布，
創造出相得益彰的美妙滋味。
昆布專賣店一定會儘可能
將熬過高湯的昆布加以利用。
辦法是依照日後用途，
預先切成方便日後利用的形狀
暫存在冷凍庫，
等到累積到達一定的量以後
再一起拿出來料理。

材料（2人份）

牛蒡…$\frac{2}{3}$支
紅蘿蔔…$\frac{1}{2}$支
熬過高湯的昆布…20g
（還沒熬高湯時的昆布重量…5g）
麻油…$\frac{1}{2}$大匙
醬油…1又$\frac{1}{2}$大匙
味醂…$\frac{1}{2}$小匙
砂糖…1小匙
昆布高湯…1又$\frac{1}{2}$大匙
七味辣椒粉（七味唐辛子）…少許
芝麻…少許

作法

1 牛蒡、紅蘿蔔切粗絲、牛蒡預先泡水約10分鐘。

2 熬過高湯的昆布切粗絲（差不多與牛蒡同粗）。

3 鍋內加入麻油預熱，依序放入牛蒡絲、紅蘿蔔絲、昆布絲。加熱到一定程度以後，接著加入醬油、味醂、砂糖、昆布高湯，再轉大火熬煮收汁。

4 依個人喜好撒上七味辣椒粉、芝麻即可食用。

「香鬆」

小朋友非常愛吃香鬆，
可惜在市面上幾乎買不到
可以安心食用的產品，
幾乎都添加了各種人工添加物。
每每看到消費者受到
可愛包裝圖樣等吸引而購買，
身為母親的我都會覺得很心痛。
我想，既然超市等買不到
可以安心的香鬆產品，
不如就自己做來賣吧。
於是我們昆布專賣店也推出了
自產自銷的香鬆產品。

材料（2人份）

熬過高湯的昆布、柴魚片（熬高湯前的重量）…各10 g
醬油…2大匙
味醂…2小匙

作法

1 昆布切得細碎。把昆布、柴魚片和調味料混在一起倒入平底鍋中加熱，以蒸散水分。（也可以用耐熱容器盛裝，改用微波爐加熱。提醒各位，容器口必須用紙巾等遮蓋妥當，以免調味料飛濺出容器外，並請依照各微波爐的輸出功率調整加熱時間。）

2 可依個人喜好加入熟芝麻、海苔片、綠海苔、炒得酥脆的小魚乾等，風味更佳。

涼拌紅白蘿蔔絲

昆布與醋非常搭，
涼拌紅白蘿蔔絲裡加點昆布絲，
更能產生如戲劇般變化的美好滋味。
應用冬季出產的爽口白蘿蔔製作的
涼拌紅白蘿蔔絲能當年菜，
也可加入柿餅喔。
多做一些冰在冰箱當作常備菜，
就是一道隨時可端上餐桌的佳餚呢！

材料（2人份）

白蘿蔔…100g（約直徑8cm×3cm厚）
紅蘿蔔…15g
鹽…比$\frac{1}{4}$小匙稍多一點
柚子等柑橘類果汁*…1大匙
柚子皮…適量
醋…1大匙
砂糖…$\frac{1}{2}$小匙
昆布絲（海帶絲）…1g

*沒有柑橘類果汁也可用檸檬汁替代。

作法

1. 紅蘿蔔、白蘿蔔切絲，撒鹽靜置。
2. 蘿蔔出水以後，把蘿蔔絲的水分擰乾。
3. 擠些柚子汁，拿些柚子皮切絲備用。
4. 在調理缽內混合醋、砂糖與柚子汁，攪拌均勻。
5. 把昆布絲加入缽內，接著加入步驟2處理好的紅、白蘿蔔絲即可完成。可依個人喜好撒一些柚子皮。

昆布高湯底蔬菜湯

蔬菜、昆布加一些培根，
竟然可以融合出如此好滋味!!
無需添加高湯塊或高湯粉，
單憑自然原味就能煮出
美味十足的一鍋湯。
敬請享用！

材料（2人份）

培根（儘量使用無鹽製品）…1片
大蒜…1小瓣
洋蔥…$\frac{1}{4}$顆
西洋芹…$\frac{1}{2}$支
紅蘿蔔…$\frac{1}{4}$根
馬鈴薯…1顆
昆布高湯…450cc
水煮番茄罐頭…100g（$\frac{1}{4}$罐）
肉桂葉…1片
小巧型的義大利麵…3g
鹽…$\frac{1}{2}$小匙
橄欖油…少許
剁碎的巴西里…少許
胡椒…少許

作法

1 培根切絲、大蒜切末、蔬菜切丁（馬鈴薯切好後浸泡在水裡）。

2 小巧型義大利麵按照標示煮好備用。

3 鍋內倒入少許橄欖油，先炒紅蘿蔔和培根。培根出油以後再倒入馬鈴薯以外的蔬菜料，撒鹽，稍微翻炒一下，再加入馬鈴薯。

4 加入昆布高湯、罐裝水煮番茄、肉桂葉，用小火煮10～15分鐘，煮到蔬菜軟爛以後，加入煮好的小巧型義大利麵，即可熄火。

5 撒鹽調味。盛盤後滴幾滴橄欖油，撒些巴西里，或依個人喜好灑點胡椒，即可享用。

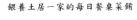

「鯡魚昆布捲」

昆布專賣店也會販售的小菜之一。
一般人以為不容易製作，
其實製作方法意外地簡單。
鯡魚和昆布非常對味，
搭配起來相當好吃。
想要在調味上更講究一點的話，
推薦加入牛蒡或紅蘿蔔一起滷。
這道料理不方便少量烹調，
以下是最低建議份量。

食材（昆布捲四支）

北海道日高昆布*…段切成15公分長的日高昆布12支
水…1公升
瓠瓜乾…3公尺
鯡魚…軟質鯡魚半身片4片（去頭尾的鯡魚乾則需要半身片8片。且須事先泡水一晚後洗淨備用）

*推薦使用北海道日高昆布。因為它所需的烹調時間較短，而且口感佳、容易咀嚼。

a料
- 砂糖…50g
- 麥芽糖…50g
- 醋…1小匙
- 清酒…1大匙
- 味醂…1大匙
- 醬油…$\frac{2}{3}$大匙

作法

1 把昆布浸泡在1公升清水中約10分鐘，等待昆布變軟（泡過昆布的水留起來備用）。瓠瓜乾用清水沖洗備用。

2 半身鯡魚片對半切成背部片與腹部片，頭尾相疊整理好（假如使用去頭尾的鯡魚片，就1條昆布捲搭配2片半身片。一樣是以頭尾邊相疊的方式整理好）。

3 用昆布包捲鯡魚片，用瓠瓜乾固定三個部位。

4 把昆布捲和泡昆布留下的汁倒入直徑約20公分的鍋子，開火煮至沸騰。沸騰後蓋上鍋蓋，轉小火悶煮約1小時。

5 加入調味料，鋪上料理專用布巾，蓋上鍋蓋，再用小火慢滷約1小時。

6 加醬油，繼續滷約30分鐘收汁。

「媽媽最拿手的烤三明治」

突發奇想地在烤三明治的咖哩餡料中加入昆布絲。沒想到當時還是小學生的兒子驚呼：「今天的咖哩好像加了什麼特別的蔬菜（其實是昆布！）好好吃喔！」是昆布的傑作，昆布把咖哩變得更好吃了。內夾咖哩餡的烤三明治是公公（第二代老闆）的最愛，當時他還為這款烤三明治取名為「媽媽最拿手的烤土司」。真是令人懷念的回憶。

食材（2人份）

洋蔥…中型的1顆
西洋芹…$\frac{1}{2}$支
紅蘿蔔…$\frac{1}{2}$根
大蒜…1瓣
油…1小匙
牛絞肉…120g
肉桂葉…1片
咖哩粉…1又$\frac{1}{2}$大匙
小茴香種子…少許
水煮番茄罐…200g
昆布絲（海帶絲）…4g
鹽…1小匙
伍斯特醬*…1大匙
水煮鷹嘴豆（雪蓮子）罐頭…160g
牛奶…20cc
醬油…1小匙
蘋果醬*…1大匙
印度咖哩粉（葛拉姆拉薩粉）…少許
吐司（三明治用）…4片

*蘋果醬可以用其他果醬替代，完全不使用果醬也無妨。

*譯註：Worcestershire sauce，英國調味醬料，因發明地伍斯特郡而得名。以多種天然食材發酵釀製，口味酸甜微辣，有英國辣醬油或英國烏醋辣醬之稱。

作法

1 洋蔥、西洋芹切丁，紅蘿蔔、大蒜磨泥。

2 熱油鍋，先炒絞肉。炒到肉變色時，撥入洋蔥丁、西洋芹丁、肉桂葉，繼續拌炒。

3 蔬菜炒軟後，撒入咖哩粉、小茴香種子，炒到咖哩香氣飄散。

4 加入罐頭水煮番茄、昆布絲、紅蘿蔔泥、大蒜泥，拌勻後悶煮。然後加鹽、伍斯特醬、罐頭水煮鷹嘴豆、牛奶，最後加入醬油。（依個人喜好加入果醬）

5 湯汁收乾後，加入碎巴西里、印度咖哩粉，咖哩餡料就完成了。把咖哩餡料舀到吐司上，在三明治烤盤上抹上奶油，把三明治烤熱即可。

*建議一次多煮一些咖哩起來，第一天配飯，第二天做烤三明治。

干貝昆布

便當裡來點干貝昆布吧！
這會是出乎預料的好滋味，
備受家人好評的小菜喔。
昆布扁扁的，很快就能泡軟，
不但製作迅速，烹調手續也很簡便。
市面上也有販售現成的方便菜。

材料（2人份）

小干貝（冷凍）…150g
薑…5g
醬油…1大匙
砂糖…1小匙
昆布絲（海帶絲）…5g

作法

1 小干貝解凍備用。
2 薑切絲備用。
3 將醬油、清酒和砂糖倒入鍋內調和，以小火加熱。
4 醬汁沸騰以後，倒入小干貝、薑絲、昆布絲，煮到收汁即可熄火。

＊假如喜歡和風照燒口味，可以加入少許蜂蜜調味。

和風玉米濃湯

玉米濃湯是大眾喜愛的湯品，
嘗試變換一下風味，
就能每天喝不膩喔！
只需昆布高湯和玉米醬罐頭
就能迅速完成料理，
因應臨時解饞之用。
平時在冰箱內預備一些
品質優良的昆布高湯吧，
無論和風、西式或中式料理，
都能派上用場，
為料理增添味覺層次！

材料（2人份）

昆布…3g
水…200cc
玉米醬罐頭…1罐（190g）
牛奶…180cc
鹽…1/4小匙
胡椒…少許
橄欖油…少許
巴西里…少許

作法

1 昆布預先浸水一晚（昆布吸水後大約餘180cc的水）。

2 把玉米醬和牛奶倒入裝有昆布高湯的鍋中加熱。請小心避免燒焦。

3 整鍋都均勻受熱以後，撒上鹽巴和胡椒調味，即可熄火。

4 盛盤，滴上幾滴橄欖油，撒一些巴西里即可食用。

＊昆布高湯是整體美味關鍵，建議使用品質優良的昆布。

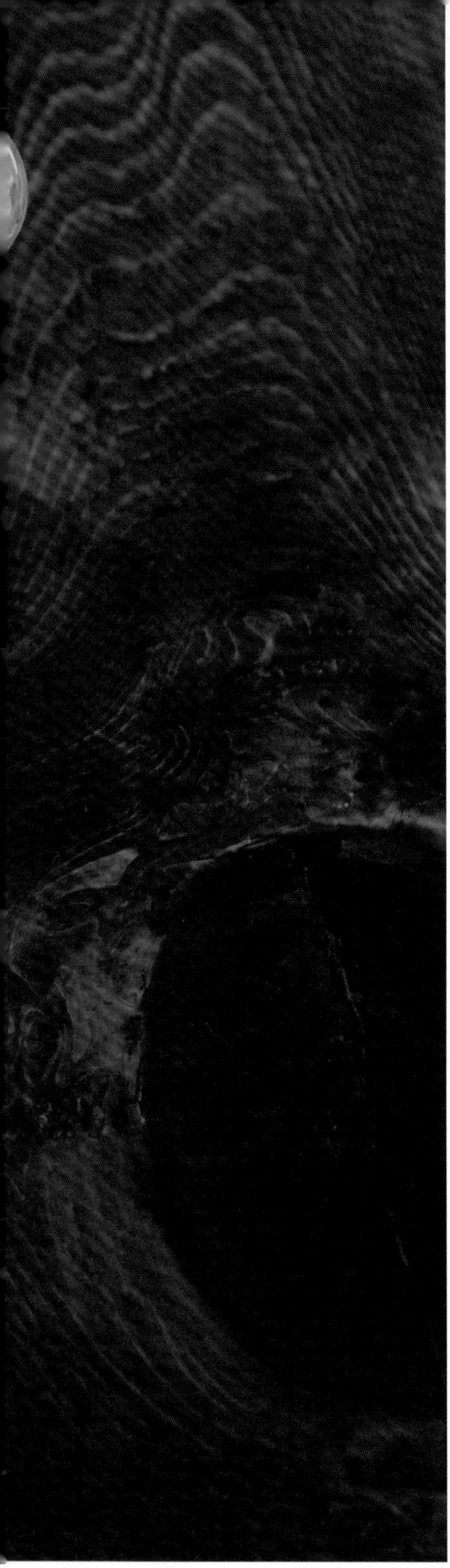

涼拌金針菇與昆布絲

大量製作起來，
放入清潔的玻璃瓶中貯存，
不但可以長時間享用，
也方便應用在各類料理中，
省去額外的調味料。
非常推薦搭配雞蛋，
煎成鬆軟可口的歐姆蛋，
這還是本舖子菜單的菜呢！

食材（2人份）

金針菇…100g
醬油…1大匙
味醂…2小匙
昆布絲（海帶絲）…2g

作法

1 金針菇去根，切成三段。
2 把醬油和味醂倒入鍋內，加入金針菇，輕輕拌勻。
3 等到金針菇出水以後再開小火煮滾（立刻開大火容易焦鍋）。煮滾後加昆布拌炒1分鐘即可熄火。

「味噌湯」

令日本人慶幸
「生為日本人真好！」的好滋味。
注重高湯、配料與
味噌之間的搭配組合，
是很講究的湯品。
建議想要喝口味單純的味噌湯，
以昆布或沙丁魚乾熬煮高湯，
搭配帶顆粒的田舍味噌。
建議喜愛時蔬味噌湯的朋友，
以昆布鰹魚高湯搭配信州味噌。
喜歡搭配貝類或豬肉醬湯的朋友，
建議您使用昆布高湯，
搭配稍帶嗆辣口感的仙台味噌
或名古屋味噌都很對味。
各位不妨利用冰箱現有的蔬菜，
立刻來煮一鍋時蔬味噌湯吧！

食材（2人份）

用昆布和沙丁魚乾熬煮的高湯…2杯
豆腐…$\frac{1}{3}$塊
海帶芽…4g
蔥…1支
味噌…2小匙

作法

1. 把配料切成適口大小。
2. 把高湯倒入鍋內，開中火煮至沸騰。接著加入步驟1準備好的豆腐、海帶芽，料熟了就可熄火。最後調入味噌、灑上蔥花即可食用。

2014年7月、土居家の庭　作庭／武部正俊

「芝麻拌醬」

川燙一盤青菜，
磨點白芝麻，
加點調味料拌一拌，
便是一道簡單又營養的菜餚。
菠菜、四季豆、茄子、
高麗菜、紅蘿蔔，
或是豆芽菜等蔬菜拌點芝麻醬，
嗯，好吃！

食材（2人份）

蘆筍…4支
白芝麻…1大匙
鹽…一小撮
川燙過蘆筍的湯汁…1/3小匙
熬過高湯的昆布…10～15g

作法

1 蘆筍去根部老皮，段切成3～4等分（每段約5公分）。稍微川燙一下就好，以保留爽脆口感。

2 用平底鍋乾炒白芝麻，炒好後倒入研磨缽內研磨。以芝麻粉末加醬油和燙過蘆筍的湯汁，調製沾醬。

3 熬過高湯的昆布切段，長度建議和蘆筍等長。接著切絲，建議寬度約2～3mm。

4 把昆布絲、蘆筍段與沾醬拌勻即可食用。

醃白菜

買把愛吃的蔬菜，
撒鹽後用手抓揉，醃漬保存。
上頭加點昆布絲，
便是體貼味蕾的好滋味。
醃漬的用鹽量視蔬菜種類而定，
一般約蔬菜重量的2～3%即可
（相當於10g蔬菜用2～3g鹽）。

食材（2人份）

白菜…1～2片
紅蘿蔔…少許
鹽巴…比$\frac{1}{4}$小匙稍多一些
醋…$\frac{1}{4}$小匙
昆布絲（海帶絲）…1g
水菜…少許

譯註：水菜是日本蔬菜。

作法

1 白菜切成適口大小，紅蘿蔔切絲備用。

2 把步驟1切好的蔬菜倒入碗公，加鹽後拌勻裝入塑膠袋內。

3 透過袋子輕揉捏蔬菜。蔬菜出水以後，從袋口處輕輕擰扭，倒除多餘的水分。不過也必須保持一定程度的濕潤度。

4 加入昆布絲、切成適口大小的水菜，淋上醋，放入冰箱冷藏約1小時，即可取出食用。

紅燒鰈魚

聽起來不太容易的紅燒魚，
利用這方法料理就很簡單。
記得還是小學生的我，
星期六的午餐桌上
只要有紅燒魚佐餐，
我就能連扒好幾口白飯。
這種重口味的料理最下飯了！

食材（2人份）

a料
- 水…$\frac{1}{2}$杯
- 醬油…2又$\frac{1}{2}$大匙
- 味醂…1大匙
- 清酒…1大匙
- 砂糖…1大匙

昆布…5g（切成適口大小）
薑…1小塊（切薄片）
鰈魚…切2段

作法

1. 先將a料煮沸，再加入昆布、薑片，放入鰈魚。
2. 邊煮邊在魚塊上澆淋醬汁。等到魚的表面變色後即可加上鍋蓋，轉小火悶煮約10分鐘。

＊要以蔬菜裝襯盤底的話，請趁煮紅燒魚的鍋子熄火前，燙好青菜盛盤備用。紅燒魚煮好後即可直接擺在燙青菜上。

「滷昆布」

東京稱滷昆布為「昆布の佃煮」，
大阪稱為「鹽昆布」。
過去，每戶大阪人家都習慣滷一鍋昆布配飯。
在我還是孩子的時候，奶奶偶爾就會滷一鍋昆布。
「今天有滷昆布！」
家裡有滷昆布的那一天，我放學一回到家，
就能立刻聞出那股鹹香滋味，而且遠遠地就能聞出來。
過去，滷昆布是為了貯存食物，所以會滷得鹹一點。
現代家庭可利用冰箱保存食物，
所以依照自己喜好的鹹度滷製即可。
加入香菇、竹筍、日本山椒*、蜂斗菜或小魚乾
與柴魚片等一起滷，也很美味喔。
昆布專賣店的滷昆布會搭配青梅、柚子、
金針菇、豬肉、干貝等，以求變換口味。
總之，滷昆布的要領只有一個——
「小火慢燉，再怎麼好奇都不可預先掀蓋」！

*譯註：日本山椒雌株所結的果實，日文漢字寫作「　山椒」。

食材

昆布…200g（切四方片）
重口味醬油…200cc
味醂…2又3/4大匙
清酒…2又3/4大匙
水…700cc

作法

1 昆布用水清輕輕洗淨，放在篩子上瀝水。
2 把所有材料倒入鍋內，開大火加熱（建議使用容量約2公升，鍋壁厚一點的鍋子）。
3 沸騰後轉到最小火，確實蓋好鍋蓋，繼續滷2～3小時。過程中必須稍加攪拌，以避免焦鍋。煮到湯汁幾乎收乾、昆布軟化即可。

「蛤蜊湯」

我母親喜歡做壽司，
經常做什錦壽司飯*、捲壽司、豆皮壽司等各種壽司給我們吃。
配散壽司飯的湯通常是蛤蜊湯。
印象中，女兒節那天的蛤仔通常會升級成文蛤。
總之，好喝的蛤蜊湯和壽司很搭。
而且是毫不費工的鮮美湯品。
昆布匯集浮沫的效果真是令人激賞。

*在日文中，大阪地區慣稱非採用高級食材的一般什錦壽司飯為「バラ寿司」（東京地區等稱為「散し寿司」）。

食材（2人份）

昆布…5 g
水…400 g
蛤蜊…200 g
醬油…$\frac{1}{3}$小匙
鴨兒芹…少許

作法

1 昆布泡水2～3小時。
2 蛤蜊泡鹽水吐沙。
3 把蛤蜊倒入盛裝昆布水的鍋子開火加熱。等蛤蜊開口後撈除浮沫。
4 撈出昆布，熄火，加醬油。
5 盛入碗中，擺上鴨兒芹即可。

*昆布的黏液可以有效匯集浮沫。

四種沾醬

我家不太使用市售的現成沾醬。
習慣在食用當天自製當日所需。
昆布粉不只美味，
還可融合油和醋，兼具乳化劑功能。

法式沾醬

食材（2人份）

沙拉油…2大匙
醋…2大匙
檸檬原汁…1大匙
鹽…$\frac{1}{4}$小匙
昆布粉…2小撮
胡椒…1小撮

芝麻沾醬

食材（2人份）

芝麻醬…1大匙
美乃滋…2大匙
橄欖油…$\frac{1}{2}$大匙
醬油…$\frac{1}{2}$大匙
砂糖…1小匙
昆布粉…2小撮

和風醬油

食材（2人份）

洋蔥泥…30g
沙拉油…2大匙
醋…2大匙
醬油…2大匙
砂糖…1小撮
昆布粉…2小撮

義式沾醬

食材（2人份）

橄欖油…2大匙
義大利陳年紅酒醋…2大匙
鹽…$\frac{1}{4}$小匙
胡椒…1小撮
大蒜泥…1小瓣
昆布粉…2小撮

所有沾醬的作法

1 只需混和所有材料，攪拌均勻即可。

昆布的各種可能性與人的美味關係

我繼承了母親的料理，也會做一些著名的大阪當地或特別的料理。
我（純一）愛吃也愛煮，喜歡將各種創意放入食譜中。
偶爾也會像這樣寫食譜和讀者交換心得，敬請期待。
本食譜的主題「昆布高湯」和世界各地的料理都能完美搭配。
外國料理高湯的製作門檻比較高，各位不妨嘗試以昆布高湯取代外國高湯。
效果保証令人驚艷！

「章魚燒」

這篇食譜的靈感源自
大阪空堀商店街內
著名小吃店「たこりき」
熱賣的超好吃的章魚燒。
筆者將該食譜改良成
家庭簡易版與各位分享。
我特地趁今吉老闆前往真昆布產地：
北海道訪問昆布專賣店的機會，
商請金吉老闆把營業用的
大型燒烤器具搬到
幾位昆布漁民繼承人就讀的
「北海道南茅部高等學校」，
向學生示範如何烤章魚燒。
（當日示範實況詳見美味心房原作者雁屋哲的部落格 http://kariyatetsu.com/blog/725.php）
請品嘗原味，不要沾醬喔！

食材（2人份）

麵糊
- 低筋麵粉…100g
- 昆布柴魚片高湯…400cc
- 雞蛋…1個
- 鹽…$\frac{1}{2}$小匙
- 醬油…1小匙

- 章魚…80～100g
- 蔥…1支
- 油…適量
- 麵衣渣、紅薑…依個人喜好添加

作法

1 將昆布柴魚高湯慢慢注入低筋麵粉中，溶解麵粉。
2 在另一個容器中打蛋，加鹽與醬油一起打勻，倒入裝麵粉的容器中。
3 章魚切成適口大小，切蔥花。
4 用大火預熱章魚燒烤盤。烤盤熱了以後注油，接著把調好的麵糊注入烤盤中。
5 在烤盤裡的各格麵糊中加入章魚塊、蔥花、麵衣渣、紅薑等材料，單面燒烤一會兒後翻面繼續烤。大約翻面兩次即可烤熟。

「昆布蘑菇湯」

二〇一三年，
昆布專賣店收了幾名來自義大利
食品科學大學的留學生。
當時，料理研究家森智惠
便用這道湯品款待留學生。
食材只有昆布、香菇和鹽巴！
在此也請各位品嘗這道連義大利人
都給予好評的昆布蘑菇湯，
體驗昆布與蘑菇相乘的美味。
稍後分享的
〈味噌風味義式鯷魚沾醬〉、
〈醋味泡菜〉
與〈昆布風味義式脆餅〉
食譜也都由森智惠女士提供。

食材（2人份）

昆布高湯…400 g
各種菇類…80 g
鹽…比$\frac{1}{4}$小匙再多一點

作法

1 在已經冷卻的冷昆布高湯鍋中加入菇類，開小火慢煮。
2 煮到沸水蒸騰時加鹽巴調味即可。

「昆布湯底咖哩」

在離昆布土居很近的地方，
有家訴求與整體社區
共同生活的藝廊——nara，
習慣選定一些時段供應咖哩。
咖哩採用的高湯選用昆布土居的
天然北海道真昆布熬製。
由nara的高野老闆親手烹調，
相當美味，我決定嘗試模仿。
雖然我做的口味
和nara的老闆差很多，
不過可以用較輕鬆的作法
完成美味的咖哩。

食材（2人份）

洋蔥…1大顆
薑…1小塊
大蒜…1瓣
西洋芹…6～7cm
油…2大匙
小茴香種子…1小匙
番茄…中的2顆
番茄罐頭…$\frac{1}{4}$罐
昆布高湯…250cc
a料
［薑黃粉…1小匙
香菜粉…1大匙
鹽…1小匙
無糖豆漿…1大匙
砂糖…1小匙

作法

1 洋蔥切丁，薑、大蒜、西洋芹磨成泥。
2 在鍋內倒入油、小茴香種子，開中火加熱。
3 加熱到小茴香種子起泡以後，接著加入洋蔥丁，翻炒到洋蔥變成焦糖色。接著撒一小撮鹽，淋一點水（鹽與水都是額外添加），再翻炒一會兒，使食材均勻受熱。
4 接著在鍋中加入薑泥、蒜泥、西洋芹泥，繼續翻炒。
5 接著加入預先用熱水燙除外皮的新鮮番茄、罐頭番茄，炒到番茄看不出形狀的程度，同時收汁。
6 轉成小火，加入a料下去一起炒。
7 接著注入昆布高湯，繼續煮30分鐘左右。
8 加入無糖豆漿，嘗試鹹淡。最後依個人喜好添加鹽或砂糖即可。

「和風味噌沾醬」

不是義大利風味鯷魚沾醬，
是和風味噌沾醬！
這是二〇一二年影像製作團隊
「Inspiring People & Projects」
（http://inspiring-pp.com）
舉辦「大阪昆布餐會」時
推出的變種料理。
靈感來自朴葉燒，
用陶板烘烤的昆布加上特調醬料，
融合成魅力獨特的沾醬。
內含烤到入口
喀滋喀滋作響的爽脆昆布。
在此也推薦各位一定要去欣賞
「Inspiring People & Projects」的
美麗影像作品。
http://vimeo.com/channels/56588

食材（2人份）

大蒜…2大瓣
松子…30g
蔥…1支
味噌…30g
味醂…1大匙
橄欖油…2大匙
鹽…少許
昆布…20cm左右

☆可依個人喜好添加蔬菜，例如：紅蘿蔔、白蘿蔔、甜菜根、花椰菜、法國土司……

作法

1 煮沸一鍋熱水，剝好皮的大蒜下鍋燙至軟化後撈起，瀝水備用。

2 松子用平底鍋乾炒過。蔥切成蔥花備用。

3 在研磨缽中放入燙軟的大蒜、炒過的松子，再加入蔥花、味噌與味醂一起研磨。

4 在步驟3處理好的醬料中滴入幾滴橄欖油，均勻調和後再加鹽調味。

5 在耐熱皿或平底鍋上擺放兩面都塗橄欖油的昆布，在昆布上淋上步驟4調好的味噌醬，加熱到醬汁沸騰，即可取蔬菜沾食。

☆依個人喜好準備蔬菜，事先川燙好蔬菜備用。

昆布高湯義大利燉飯

昆布的美味是整道佳餚裡
默默奉獻的無名英雄。
昆布的滋味不搶鋒頭，
還創造紮實的基底風味。
昆布可以和西洋料理搭在一起，
口味一點也不會奇怪。
義大利料理中的燉飯
甚至可以只用昆布高湯燉煮。
為了方便大家認識昆布的神奇魔力，
本食譜儘可能安排最簡單的食材。
提醒各位，
保留一點點米芯沒有完全熟透，
是義大利燉飯的傳統特色喔。

食材（2人份）

橄欖油…2大匙
洋蔥…大顆洋蔥1/2顆
鹽…2小撮
米…1/2杯
昆布高湯…500cc
帕米吉安諾（parmigiano）乾酪、堅果…依個人喜好

作法

1 在稍微有點深度的平底鍋，或在一般鍋子的鍋底注入橄欖油，放入切得細碎的洋蔥丁，撒鹽拌炒。為避免焦底，請慢慢炒到洋蔥軟化。

2 把米（不要洗）倒進洋蔥鍋內，一起翻炒。

3 分2到3次注入昆布高湯，燉煮到米芯的硬度剛好的程度（只剩米芯有一點硬），即可掀開鍋蓋，蒸散水分。最後用鹽調味即告完成。

＊鐵則：倒入鍋中燉飯的高湯一定要用熱的高湯！
＊可依個人喜好添加帕米吉安諾乾酪、堅果或橄欖油。

烏龍麵

烏龍麵是大阪最具代表性的日常飲食。然而關西口味的烏龍麵高湯的製作程序竟是意外地艱難。一般人可能會想到用昆布和柴魚片熬高湯，可是關西口味的烏龍麵高湯需要味覺更強烈的鮮美滋味。大阪的烏龍麵館通常用脂眼鯡、鯖魚和宗田鰹魚熬煮高湯。假日的午餐，不妨親自熬煮湯頭，來碗美味的烏龍麵吧！

食材（2人份）

水…900 cc
昆布…10 g
綜合柴魚片*…20 g
薄鹽醬油…2又$\frac{2}{3}$大匙
味醂…1又$\frac{1}{3}$大匙
烏龍麵…2丸

*綜合脂眼鯡、鯖魚、宗田鰹魚等魚類製作而成的柴魚片。

作法

1 預先以水浸泡昆布約2小時。
2 開大火煮沸預泡好的昆布水，煮至沸騰。
3 加入綜合柴魚片，轉小火繼續煮2～3分鐘，即可過濾高湯。
4 添加薄鹽醬油與味醂調味。
5 川燙烏龍麵條。依個人喜好添加配料即可享用。

昆布餡（糕點內餡）

昆布土居附近有家糕點店：一吉。老闆娘山本由紀子會利用昆布調配內餡，做成包餡糯米糕點推出市面販售。聽說已經推出好幾款應用到昆布的糕點了呢。本單元就來嘗試用昆布粉調製番薯餡和芋頭餡吧！

食材（2人份）

番薯餡

番薯：大小居中的1顆（100g）
砂糖：15g
油：比1大匙再多一點點
鹽：1小撮
昆布粉：$\frac{1}{4}$小匙

芋頭餡

芋頭：大小居中的1顆（100g）
砂糖：20g
油：1大匙
鹽：1小撮
昆布粉：$\frac{1}{4}$小匙
桔皮：10g

作法

1 番薯或芋頭蒸軟。
2 將蒸軟的番薯或芋頭搗成泥。
3 把薯泥或芋泥倒入鍋內，撒上糖、油、鹽，開小火加熱。在加熱過程中必須攪拌餡料。
4 加入昆布粉、桔皮，拌勻即可。
「一吉」口味的昆布風味糕點餡就完成囉。

西式蔬果泡菜

西洋泡菜色彩繽紛，
做一罐當作常備菜享用吧！
切一點昆布
加入醋汁內，
就可以變化出
意想不到的美味喔。
昆布本身也可以配泡菜吃呢。

食材（2人份）

泡菜汁

醋…$\frac{1}{2}$杯
水…$\frac{1}{2}$杯
砂糖…3大匙
鹽…$\frac{1}{4}$小匙

檸檬香茅…適量
昆布…3 g
胡椒粒…5粒
迷迭香…適量

蔬菜（任何蔬菜皆可）…約200 g
紅蘿蔔…$\frac{1}{3}$條
小黃瓜…小條的$\frac{1}{2}$條
蓮藕…30 g
花椰菜…65 g
紅椒…$\frac{1}{4}$顆
黃椒…$\frac{1}{4}$顆
黑橄欖…2～4顆

作法

1 加熱泡菜汁，融化砂糖。等泡菜汁稍微冷卻下來以後再加入檸檬香茅、昆布段、胡椒粒。

2 川燙紅蘿蔔和蓮藕。稍微燙一下就好。

3 將個人喜好的蔬果浸漬在泡菜汁中。家中有迷迭香的話，也可以適量添加。把泡菜罐放到冰箱中冷藏約半天即可食用。

看板 成吉作。撮影協力地の玄関より。

醋漬昆布

來做點有益小朋友健康的小點心吧！
絕大多數市售的
醋漬昆布含有人工添加物。
其實，醋漬昆布的作法簡單，
一般家庭就能自行醃漬，
這就來做做看吧！
材料只需昆布、醋和砂糖而已。
重點是要選用
品質優良的昆布和醋喔！

食材（2人份）

昆布…30g
米醋…3大匙
砂糖…10g

作法

1 在可密封的容器內放入昆布與米醋，靜置約3星期，等昆布醋熟成。
2 加入砂糖，拌一下，靜置1天。
3 再次充分混合內容物，放在陰涼處靜置約半天即可食用。

＊不一定要把昆布曬乾，直接吃溼的醋漬昆布也很好吃。

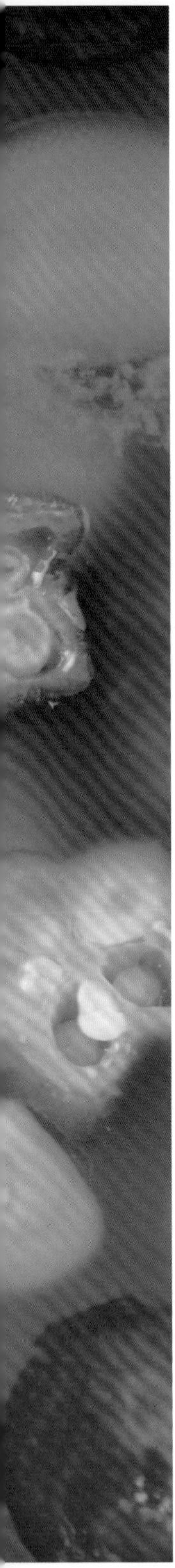

「法式蔬菜凍」

鄰近昆布土居的地方
有間酒吧叫「vin voyage」，
以法式蔬菜凍作為店裡的招牌菜。
酒侍森田幸浩先生會用昆布土居
販售的「十倍濃縮高湯」，
製作美味的法式蔬菜凍供客人品嘗。
筆者向森田先生請教作法，
並改良成一般家庭
也方便製作的食譜如下。

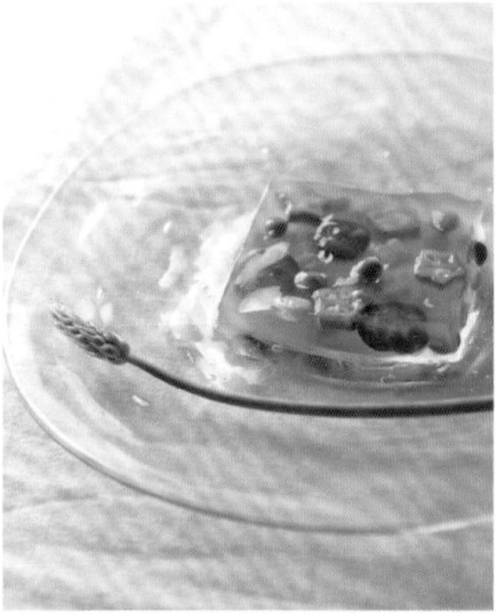

食材（尺寸11cm×14cm的模型1只）

個人喜好的當令蔬菜：
小番茄
秋葵
豌豆仁
玉米粒
蘆筍……

十倍濃縮高湯…2大匙
（偏好濃濃和風口味的人可以加到3匙）
水…300cc
洋菜粉…$\frac{1}{2}$小匙
鹽…比$\frac{1}{4}$小匙稍多一些
100%純葛根粉…2小匙
水…2小匙（調純葛根粉用）

作法

1 適合生吃的蔬菜切成自己喜歡的形狀備用。需要川燙的蔬菜用鹽水川燙過後瀝乾備用。

2 把十倍濃縮的昆布高湯倒入鍋內，加入水、洋菜粉、鹽巴，以中火邊加熱邊攪拌。等洋菜粉融化，沸騰後，加入用等量水溶解的純葛根粉水。繼續加熱攪拌約5分鐘，融化葛根粉。

3 在模型內鋪好蔬菜，慢慢倒半鍋步驟2煮好的昆布汁到模型中。靜置一會兒。

4 昆布汁凝結成凍以後，即可在凍的上面再鋪一層蔬菜，倒入剩餘的昆布汁（假如剩餘的昆布汁已經凝結成凍，就用湯匙攪拌，讓凍恢復湯汁狀態）。

5 等第二層昆布汁完全凝結後即可放入冰箱。稍微冰鎮即可食用。

＊假如沒有現成的十倍濃縮高湯，可以自行用昆布和柴魚片熬煮較濃的高湯，加一小撮鹽巴調味，即可取代。

芝麻豆腐

這也是在我接待義大利食品科學大學的留學生期間，曾經提供許多協助的料理人今村規宏先生的傑作。今村先生為學生們製作的芝麻豆腐的滋味美妙極了，全體參加學員無不發出驚嘆。製作方法非常簡單，食材方面只要有好昆布就能成功，所以納入本書介紹給各位。

食材（模型〈12 cm×7.5 cm〉一個的份量）

昆布高湯…400 cc
芝麻*…125 g
吉野葛根粉…40 g
鹽…1/2小匙

*本食譜採用經業者洗淨、乾燥後販售的芝麻。假如直接用芝麻醬取代，75 g就足夠。但是，芝麻醬是用炒過的芝麻磨製的，所以做出來的成品色澤會偏茶褐色。

蘸汁

昆布柴魚高湯…100 cc
鹽…少許
薄鹽醬油…適量

作法

1 把昆布高湯和清潔芝麻倒入果汁機打成糊。用細網篩子過濾（最後用擠壓方式）。

2 先在調理缽中加入吉野葛根粉和鹽巴，慢慢地把步驟1打好的芝麻糊倒入缽中，融化葛根粉和鹽巴。

3 再次過篩，然後倒入鍋中加熱。

4 沸騰後續煮5分鐘，趁熱倒入模型中，等待冷卻，即可完成豆腐。

5 蘸汁用昆布柴魚高湯加點鹽巴調鹹度，再用薄鹽醬油提升香味即可。

義式培根白菜滷

昆布和柴魚高湯是
日本料理的王道。
本食譜採用義大利式、
鹽漬熟成的培根肉（Pancetta）
一起下去滷，
滷起來的湯頭相當甘美。
不含人工添加物的
優質義式培根不太好買到，
乾脆自己製作吧。
筆者向東歐雜貨進口商
「紡紗機」的老闆久保先生
請教義式培根的作法。
從用鹽巴醃漬五花肉後開始，
經過更換脫水巾過程，到最後熟成，
整個過程大約需要一個月的時間。
不過，那是值得漫長等待的美味啊！

食材（2人份）

白菜…$\frac{1}{4}$個
義式培根…50g
昆布高湯…500cc
鹽…1小匙
胡椒…少許（依個人喜好）

作法

1 白菜切好，放入鍋內。義式培根肉鋪撒在中間層，把白菜分隔成兩層。
2 注入昆布高湯，撒鹽調味，開大火加熱。
3 沸騰後轉小火續煮約10分鐘。
4 依個人喜好撒上少許胡椒。

義式培根的製作方法

1.

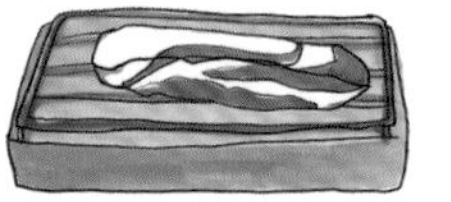

在五花肉塊上，抹上相當於肉塊重量的4%的鹽巴。放在上層附網架的盤子上靜置約2天。

2.

依個人喜好，酌量添加香草，用脫水巾包起來，放到冰箱冷藏。

3.

每隔4～5天更換一次脫水巾。

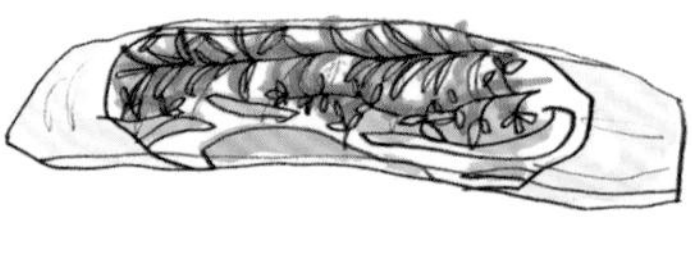

4. 靜置約一個月即可食用。

「北越風味米線」

北越風味米線「Bún chả」也就是所謂的越式烤肉米線。

北越民眾吃米線習慣搭配大量生菜與肉類，完成營養豐富的一餐。

原始越式沾醬使用大量的砂糖，是在健康上比較有爭議的部分。

不過我們可以利用
昆布高湯取代部分的砂糖用量，
以達到砂糖減量的目的。

這道北越風味米線
非常適合在炎熱的季節享用！

食材（2人份）

炸越南春捲

材料

- 牛絞肉…150g
- 紅蘿蔔…$\frac{1}{4}$支
- 熬過湯頭的昆布…20g
- 越南冬粉（粉條）…20g
- 魚露…1小匙
- 鹽、胡椒…少許
- 越南春捲皮（薄米紙）（15cm）…10張
- 炸油…適量

沾醬

- 魚露…100cc
- 昆布高湯…300cc
- 砂糖…20g
- 檸檬汁…1小匙
- 大頭菜或紅、白蘿蔔…薄切片少許

配料

- 豬肉…100g
- 香氣蔬菜…足量（適量）
（芹菜、山芹菜、散葉萵苣、芫荽）
- 堅果…適量
- 越南米線*（Bún）…200g

*越南米線可用台式麵線代替

作法

1 紅蘿蔔切絲、熬過湯頭的昆布切絲，放入缽內拌勻，作為炸春捲的餡料。

2 春捲皮泡水後包裹餡料，油炸至外皮酥脆可口的程度。

3 把焙烤過的堅果切好備用。香味蔬菜洗淨，切成容易入口的大小。

4 把沾醬的材料拌勻。

5 豬肉切薄片後烤至酥脆。大頭菜或紅、白蘿蔔先切成容易入口大小的薄片，放入步驟4做好的沾醬中。

6 煮好越南米線（冷卻到常溫後再吃更美味）。

7 把堅果、香氣蔬菜、春捲放入沾醬中，搭配米線一起食用。

昆布風味義式脆餅

昆布也可以應用在餅乾上。
本食譜將昆布粉揉進
義式脆餅的麵糊中，
烘焙出具有昆布風味的義式脆餅。
就連義大利留學生
也吃得津津有味呢！

食材（8cm×1cm的餅乾1塊的份量）

a料
- 低筋麵粉…125g
- 昆布粉…5g
- 砂糖…35g
- 泡打粉…$\frac{1}{4}$小匙
- 鹽…1小撮

炒過的黑豆…30g

b料
- 無糖豆漿…55cc
- 油…25cc

作法

1 低筋麵粉過篩，撒入調理缽內，接著放入其餘a料，攪拌均勻。

2 在步驟1的缽內放入炒好的黑豆，攪拌均勻。

3 調合b料的豆漿與油，攪拌均勻。

4 把步驟3調好的豆漿倒入完成步驟2的容器內，用像在切東西般的手勢迅速攪拌成一塊麵團。

5 揉成長約8 cm的圓條，放入烤箱，用200℃初步加熱約30分鐘，然後取出冷卻。

6 以1 cm為間隔切成數小段。單面用烤箱以170℃烘焙15分鐘，翻面後再烘焙15分鐘即可。

「鯛魚骨湯麵」

身為義大利料理廚師的藤田俊之
所服務的義大利料理餐廳
「CAPITOLO 2 ： CIVETTERIA O
DANDISMO」裡
竟有預約制的深夜隱藏版菜單：
拉麵！
麵條當然是走義大利風，
採用極細的義大利天使麵
而非日本拉麵，
湯頭則選用天然鯛魚骨熬製，
以極簡食材成就
口味清爽的驚人美味。
在此將該湯麵作法調整成
家庭料理版與各位分享。

食材（2人份）

昆布…10g
水…1600cc
鯛魚骨*…約30cm長的鯛魚骨4支
（含頭骨的話，2支就足夠）。
純米酒…50～100cc（家裡剛好有的話）
百里香…4支
鹽…少許
西洋芹…只用莖部
特級冷壓初榨橄欖油…10cc
義大利天使麵…140g

*建議鯛魚骨湯底儘量採用天然魚骨熬製。

作法

1 鯛魚骨下熱水鍋川燙。燙至肉色顏色變白時，用撈網等撈除浮沫。

*可以最後再濾除魚鱗。

2 另一鍋放入昆布與水，熬煮高湯，加入鯛魚骨後轉大火熬煮，一面去除澀味，一面收汁至湯汁約剩800cc左右。然後用篩子過濾湯汁。

*加入純米酒一起熬煮，湯頭會更加鮮甜。

3 加入百里香，轉小火續煮約10分鐘，摻鹽調味。

4 西洋芹取莖部切末，放入碗中，上面淋一點特級冷壓初榨橄欖油，然後舀入湯汁。

5 天使麵川燙約3分鐘，即可加入碗中食用。

☆可依個人喜好在碗面擺飾水煮蛋、海苔、醋桔1顆*。

*譯註：日本德島名產。外型小巧圓潤，因果汁可取代食用醋調味料理而得名。

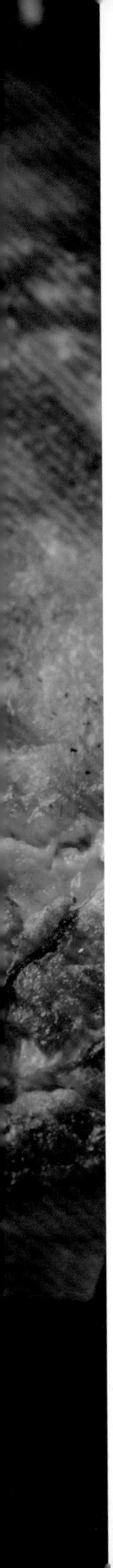

「什錦煎餅」

本昆布專賣店第三代老闆
成吉在真昆布的產地——
北海道的「函館市立磨光小學」教授
餐飲教育至今，
已經有十五年的歷史。
筆者則是從二〇〇七年起
教小學生利用真昆布熬煮高湯，
製作什錦煎餅當點心吃。
「豚玉餐館」的老闆今吉正力先生
本著對我們烹飪教學理念的認同，
毫不藏私地提供我什錦煎餅的食譜。
在優良食材與專業要兩相加成之下，
美味的什錦煎餅於是誕生。
提醒各位優先品嘗原味不要沾醬喔。

食材（2人份）

高麗菜…180g
（切好的約230g）

麵糊
- 低筋麵粉…36g
- 昆布柴魚片高湯…36cc
- 山藥…10g
- 鹽…兩小撮

麵衣渣…24g
梅醋醃漬的紅薑絲…4g
雞蛋…大顆的2個
五花豬肉薄片…2～4片

作法

1 高麗菜剁成小片，放入冰箱冷藏數小時，適度蒸散水分。

2 用昆布柴魚高湯溶解低筋麵粉，撒鹽，加入山藥籤，攪拌均勻。

3 接著加入高麗菜、梅醋醃漬的紅薑絲、雞蛋，再次攪拌。

4 在預熱好的鐵板上倒入油，舀麵糊進來煎，並把麵糊整理成圓形。

5 切好的五花豬肉片擺到麵糊上。兩面各煎10分鐘左右即可完成。

竹筴魚押壽司

大阪壽司老店「吉野鮝」創業至今已經有一百七十餘年歷史。
這份食譜是第七代老闆橋本卓兒先生提供的。
老字號壽司舖的傳統滋味令人感動。
押壽司的正統作法是用模型壓製。
老闆考量一般家庭製作的方便性，特地利用卷壽司的作法教學。

食材（2人份）

竹筴魚…1隻
鹽…適量
米醋…適量

壽司飯（醋飯）

米…2合（約300g）
昆布高湯…360cc
米醋…50cc
砂糖…35cc
鹽…2小匙
味醂…1又1/4小匙
北海道白板昆布*…1片
青紫蘇…2~3葉

*沒有北海道白板昆布也沒關係。

作法

1 竹筴魚用清水洗淨，切成三片。魚片整片抹鹽，靜置25~40分鐘。
2 用水沖去魚片上的鹽分。
3 把魚片放在米醋盤中浸漬15分鐘。
4 用餐巾紙吸除魚片上的醋液，剔除殘餘的魚刺，剝除魚皮。
5 魚片擺在沾板上，使魚皮朝下。以和沾板平行的方向入刀，對半切成只有一半的厚度。
6 煮壽司飯。2合米加等同於平常煮飯水量的昆布高湯。
7 調和米醋、鹽、味醂，製作醋汁（儘可能在常溫下調製）。
8 把煮好約25分鐘的飯移到竹桶中。飯淋上醋汁後請用最快速度拌勻，並且用扇子搧風，促進冷卻。
9 在竹簾上鋪保鮮膜。
10 鋪上竹筴魚片。如有白板昆布，沿竹筴魚的外側鋪一道白板昆布。
11 鋪上壽司飯，整理成長條狀，上層鋪青紫蘇葉。
12 先用保鮮膜包好，再用竹簾包裹。利用竹簾翻面。
13 整理形狀，切成適口大小即可。

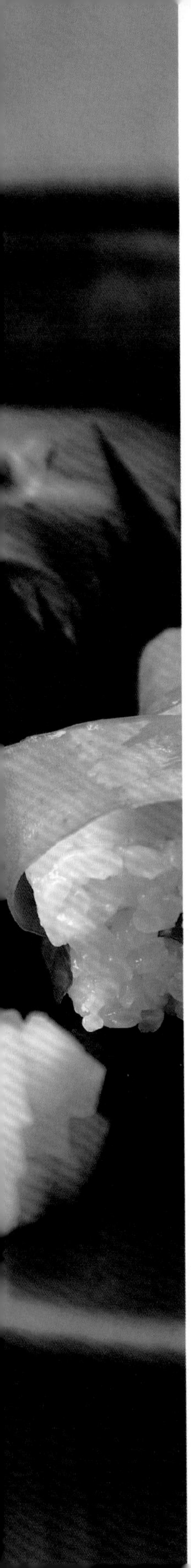

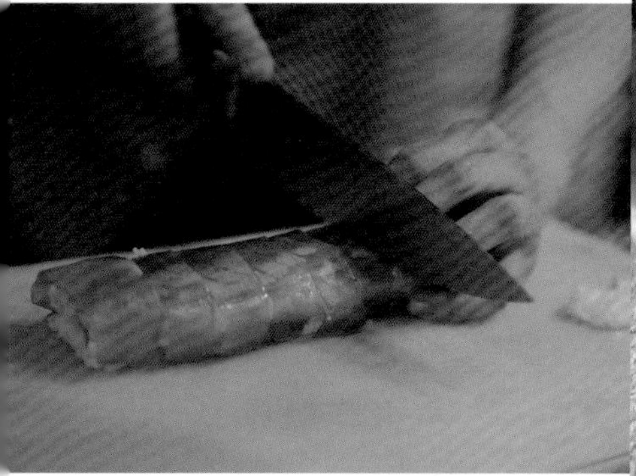

打邊爐（粵式風味火鍋）

來把昆布高湯應用到中式火鍋料理吧。
稱為「打邊爐」的中國粵式火鍋料理，
因為舞台藝術家妹尾河童先生的讚揚
而在日本發揚光大。
正統打邊爐並不使用昆布高湯，
但是添加昆布高湯絕對會使
湯頭更加美味！
想煮出好吃的打邊爐非常簡單，
準備一瓶好麻油就行了。
寒冷的冬季裡，來鍋打邊爐吧！

食材（2人份）

白菜…$\frac{1}{4}$個
五花豬肉片…150 g
雞翅…4支（去腳的）
香菇乾與昆布熬煮的高湯…1公升
冬粉…60 g
麻油…50 cc（建議使用香味濃郁的產品）
鹽…$\frac{1}{2}$小匙×2份（每疊的份量）
辣椒粉…少許

作法

1 白菜、五花豬肉切成適口大小的薄片。
2 在鍋中加入步驟1準備的料、雞翅、香菇乾（之前熬高湯的），加入高湯，開大火加熱。
3 冬粉用水泡軟備用。
4 在鍋內的蔬菜煮到快要熟的時候加入預先泡軟的冬粉，然後沿鍋邊淋一圈麻油。
5 在沾醬碟子上撒點鹽巴，淋一點滾過的湯汁，撒入少許辣椒粉，調成口味稍重的沾醬。
6 等待火鍋料煮熟即可蘸沾醬食用。

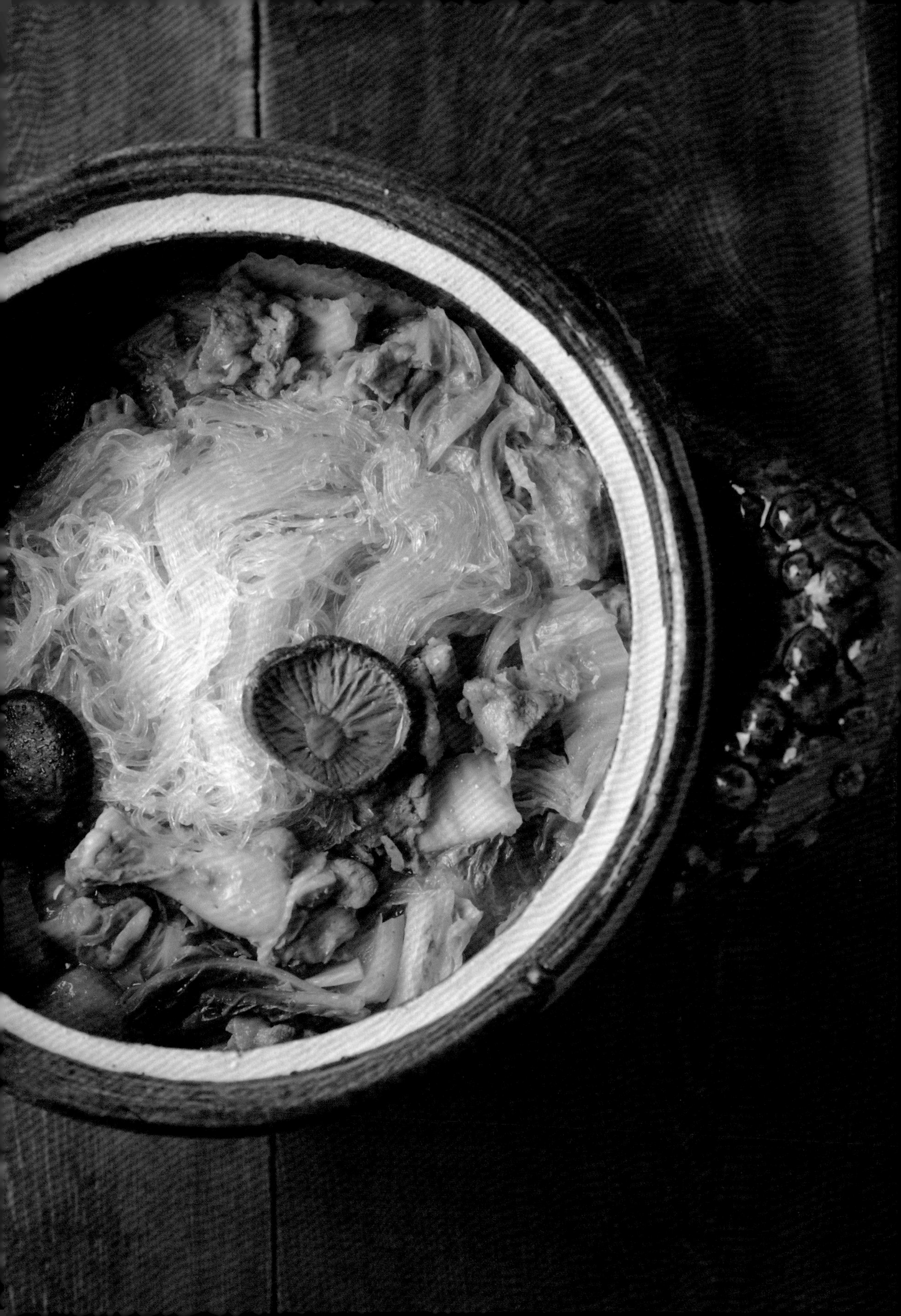

義大利陳年紅酒醋涼拌昆布

常聽客人問：不知道熬完高湯的昆布該怎麼應用？
做成滷昆布是最一般的應用方式。
也可以用醋醃漬成涼拌小菜，
享受清脆爽口的美妙滋味。
只要是品質好的好醋
都可以拿來醃漬涼拌昆布，
無論是米醋或烏醋都可以。
這回筆者嘗試用
義大利陳年紅酒醋醃漬昆布。
直接當成單品小菜，或是混在
沙拉中當配料都很好吃喔！

食材（2人份）

義大利陳年紅酒醋…1大匙
醬油…1小匙
熬過高湯的昆布…1片（50g）
醃漬續隨子*…少許

*譯註：屬於山柑科山柑屬的野生半藤蔓屬性灌木，又名「刺山柑」等。原產於地中海，當地人會醃漬續隨子漿果作為調味料使用。花蕾也可醃漬食用。

作法

1 義大利陳年紅酒醋和醬油倒入碗裡調和。
2 昆布切成長5cm、寬2～3mm的昆布絲。
3 把昆布絲放入步驟1調好的醬油醋中攪拌均勻即可。假如家中有醃漬的續隨子，也可加入1小匙調味。

本食譜拍攝所使用的器皿

在本食譜中登場的器皿，很多都是器皿師傅傾注靈魂精心創作的藝品，為美味的餐點增添可口的視覺。因此安排以下篇幅做部分介紹。

本商舖所有的器皿

封面 滷昆布／讀谷山燒（大嶺工房 大嶺由人作）
P28 和風高麗菜捲／讀谷山燒（大嶺工房 大嶺實清作）
P38 媽媽拿手的烤三明治／讀谷山燒（山田真萬作）
P40 干貝昆布／讀谷山燒（山田真萬作）
P41 和風玉米濃湯／山重菰野（奧三十郎作）
P62 昆布高湯底咖哩／（已故納谷幸喜〈原橫綱大鵬〉氏贈）

壽司店吉野養所有

P92 竹筴魚押壽司／織部燒（有松進作）

料理家 森智惠子所有

P32 香鬆／（和歌山 森岡成好作）
P33 涼拌紅白蘿蔔絲／（和歌山 森岡成好作）
P42 涼拌金針菇昆布絲／珠洲燒（中山達磨作）
P50 紅燒鰈魚／（和歌山 森岡成好作）
P64 和風味噌沾醬／（滋賀 市川孝作）
P72 西式蔬果泡菜／玻璃（飛驒高山 安土忠久作）
白磁小皿（和歌山 森岡由利子作）
P96 義大利陳年紅酒醋涼拌昆布／白磁高腳盤（和歌山 森岡由利子作）

出版社編輯 和久田善彥所有

P82 義式培根白菜滷／小代燒（ふもと窯 井上尚之作）

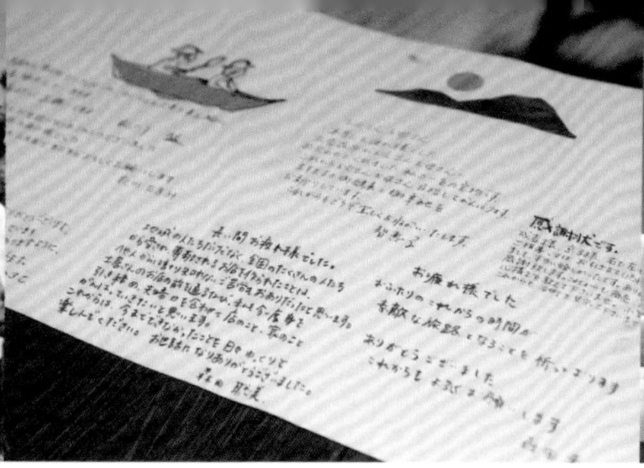

聲援土居家的人們
和未來的社群團體

七〇歲退休，我內心有幾分擔心，
擔心現今大眾的飲食每況愈下，擔心這樣下去怎麼可好。
可相對的，也有著更多的放心。
看到一群後生晚輩的執著與積極，
和他們不久前才史無前例地成立的社群團體。

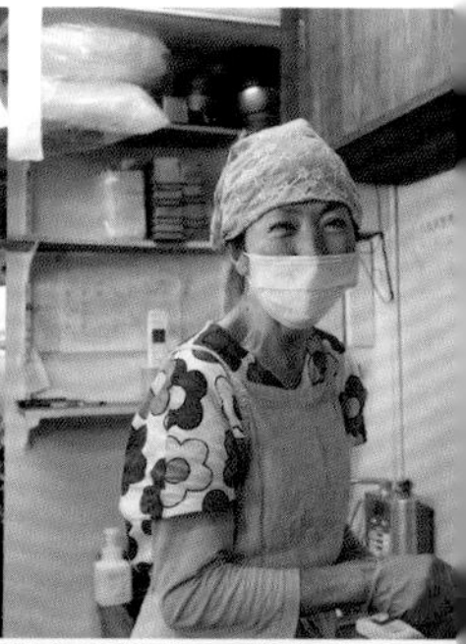

讓生活更美好的社群團體

透過共同的價值觀維繫連結

土居家一路走來，靠的全是大家的愛護，說穿了，就是所謂的人際關係。好比說住在我們家附近的料理專家森智惠子和插畫家森廣子這對姊妹花，就給這本書幫了大忙。森家過去原是我們的老鄰居。智惠子姐妹小時候經常被大人叫來我們這兒買昆布，而且兩人都是我們家的昆布饕客。後來他們一家人搬去了交野市，直到姊妹花獨立了，又再度和我們變成鄰居，她們的老爸老媽還常找我們去他家，也常來我們家店裡光顧、話家常。想起來受照顧的永遠只有我們這一邊。

準備這本書時，我們還得到了不少人的幫助，這些人全都比我年輕好幾輪。他們有的是鄰居，有的是遠道而來的。儘管我們生長在不同的世代，彼此的價值觀卻如此親近。透過他們的介紹，這群朋友兩兩之間又常會意外發覺，「啊，原來你也認識土居老闆呀！」

有一回STANDARD BOOKSTORE*的中川和彥先生上門來買昆布，我們就此一見如故了。之後透過他的介紹，我才結識了本書的編輯，Bia的和久田先生。認識未久，我們便切入了出版這本書的話題。當時我問和久田先生，這本書究竟該寫些什麼，他說，希望我能把昆布土居過去的歷史沿革，和我內人、兒子的私房菜統統搬出來。我一度忖度著寫這些究竟意義何在，可是寫著寫著，竟自覺寫得挺不錯，雖然有那麼點自吹自擂的嫌疑，也怪不好意思的。後來，連菜色的攝影也大功告成了。拍攝的當下，我感覺就像一群好友來家裡作客，在互助合作的氣氛中歡樂地完成了任務。

讀者可知道，這些人和我們昆布土居的關係究竟是如何建立的嗎？

* * *

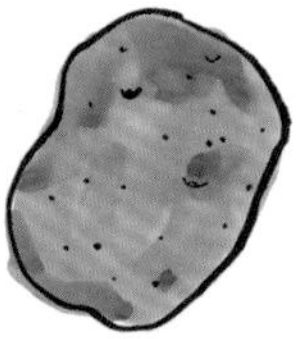

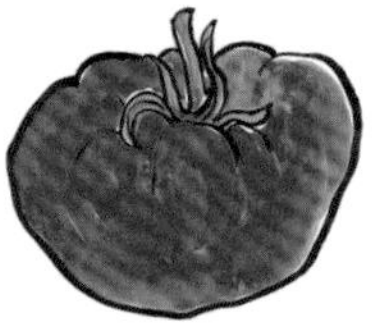

未來的社群團體

二宮宏央導演在為「IPP」*拍攝昆布土居的記錄片時，曾經問我：「你最想跟有心承傳家中傳統事業的年輕人們說的是什麼？」我回答：「一句話，關鍵就在社群團體」。

早先所謂的社團，成員主要是指有著血緣關係的親人、生活在相同地區的街坊鄰居，或者只是同業。興趣相同的朋友、同學聚在一起，頂多僅能說是個「小圈圈」，還稱不上「社團」。而由員工、同事所組成的大公司、大企業，也算不上社團，而是一種「組織」。當我還年輕時，社團屬於區域性或者同業的。但是這種社團往往難以長久維繫，隨時可能因為某些外在的因素而曲終人散。

好比說前面曾經提及的「良作食品會」（參照十八頁）便是如此。我在那裡獲得了許多成長的機會，然而很不幸的，後來這個社團逐漸變質，最後終於宣布解散。記得事情就發生在一九九三年。其中幾位成員認為，一個原本立意良善的社團解散等於是社會的損失，於是我們決定重起爐灶，成立一個帶點研討會性質的新團體。隨後酒井正弘先生（中央葡萄酒前任社長）便開始為籌組新的「良作食品會」四處奔走。我想要不是酒井先生的使命感和領導統御的能力，以及前東京水產大學校長天野慶之，和前高知大學榮譽教授志水寬兩位已故前輩對我們的多方指導，絕不會有今日的「良作食品會」。

在重新籌組社團的那段時間，我巧遇了大阪餐飲業的龍頭，上野修三先生。上野先生腦子裡永遠只想著一件事：「大阪的料理人一定要加把勁兒啊。我們一起來聲援所有生產蔬菜的農人吧！」隨後，我在上野先生的讀書會中認識了「長堀居酒屋」的老闆中村重男先生，他和我一樣非常認同上野修三的想法，於是這個讀書會遂形成了一個對於食品、餐飲擁有高度使命感的研討場域。在這裡，分享勝於交友，社團整體的意識勝於個人的興趣嗜好。在這裡，我最大的收穫就是結識了許多日本第一流和第一線的廚師。

話說至此，我想讀者大概已經明白我的意思了。社群團體最重要的就是，必須擁有相同的價值觀，願意相互學習，堅持互助、分享的精神。

後來，就在逐漸接近個人工作生涯的終點站時，我接觸到了另一個食品餐飲之外的了不起的社團。我先後認識了D&DEPARTMENET OSAKA*的執行長長岡賢明先生和STANDARD BOOKSTORE的老闆中川和彥，再透過他們的介紹，認識了graf*的社長服部滋樹先生，然後又加上我家第四代

*STANDARD BOOKSTORE
目前在大阪共有新齋橋、茶屋町、阿倍野等三處店面。販售包括對話集在內的書籍、文藝相關商品。店內設有咖啡座，供消費者購買前就坐閱覽，服務貼心，備受好評。

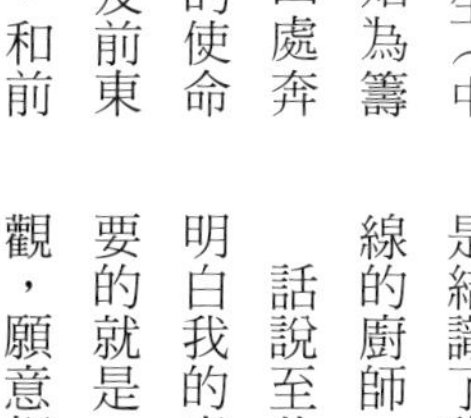

*IPP
Inspiring People & Projects的縮寫，係專業製片公司「Chance Maker」所企畫的一次非營利攝影專案，專門拍攝並聲援在各個不同領域中奮發向上的小人物紀錄片。

店主早已結識的Chance Maker的田真紀女士和二宮宏央、印藤正人，他們盡是活躍在我過去所完全陌生領域中的箇中翹楚。我對他們的領域認知極為有限，我想就姑且稱之為「設計」好了。他們的「設計」並非僅止於單純的物件設計，更是在設計、提供一種生活的方式。

設計的加入

在他們的領域裡，除了一些第一流的設計師外，還包含了許多懷抱著共同理念和想法的年輕人。於是我發現，他們的社團和我們的「良作食品會」同樣有著為社會付出的使命感，倘若，未來食品餐飲和設計這兩大社群團體能夠相互學習，彼此參照，必定能夠為我們的社會帶來更大、更深遠的影響。

長岡賢明先生先我一步發現了這一點，於是他主動加入了「良作食品會」，並且首度在東京涉谷Hikarie大樓的「D47食堂」正式向這兩大領域的人士表達了他的看法。

當中還包括了一位少數和我年齡相仿的岡畑精記先生。岡畑先生來自和歌山縣，我常說他是一位「擁有絕對審美觀的企業家」。經由他的引薦，我又認識了才華洋溢的庭院設計師武部正俊。此人功夫要得，該如何描述他的本領，我當真詞窮了。我常想，在「設計」的領域裡，凡是導入「武部正俊的空間感」，保證蓬篳生輝，無與倫比。

社群團體除了必須跨越領域，要參與一個社團，至少還必須謹記一個最基本的原則，就我個人的說法，就是互助的精神。而這種互助，並非去幫助誰或者直接去請教誰。而是，透過對方的行動力圖自我成長，而且不僅為自己，也是為了提供其他同儕成長的機會而學。此外還必須願意主動向外人提供社團的資訊，隨時為有意加入的人們克盡棉薄之力。

我真心期盼在不久的將來，每一個人都能夠關心生活的飲食，在珍惜家庭這個最小社團的同時，也能多少為社會付出，主動走出家門，加入具有仁心善念的

＊D&DEPARTMENT OSAKA

由長岡賢明領軍組成的團隊，提倡「永續設計」（Long-Live Design）的概念，販售仍可繼續使用的二手生活雜貨。亦經營餐廳，關注食安問題，供應可信的餐點。

＊graf

來自大阪的策展團隊，主張多角化經營，除販售家具外，亦主辦各類地方活動、跳蚤市集。日前才舉辦完一場名為「鳥取台北 Design and Craft Hunting」的設計工藝巡展，昆布土居也在協辦之列。

社群團體，從而享受到更充實、更美好的人生。

本書菜色的協力商家

Takoriki
大阪府大阪市中央區瓦屋町
1-6-1
電話 06-6191-8501
營業時間：
平日／ 15:00 ～ 23:00
週六例假日／ 12:00 ～ 23:00
公休日：週二
http://www.takoriki.jp

豚玉
大阪府大阪市中央區高津 1-6-1
電話 06-6768-2876
營業時間：18:00 ～ 23:30
公休日：週一、每月第二個週日

一吉
大阪府大阪市中央區谷町
8-2-6 幸福相互大樓 1F
電話 06-6762-2553
營業時間：11:00 ～ 18:30
週六／～ 18:00 週日 ・ 國定假日／～ 17:00
公休日：週一（週日 ・ 國定假日非固定公休）
http://www.hitoyoshi-monaka.jp

Vin voyage
大阪府大阪市中央區谷町
7-1-34 Y's Bares 谷町 1F
電話 06-7172-7669
營業時間：
18:00 ～翌日 2:00（最晚點餐時間 1:30）
公休日：週二
http://t6voyage.blog.fc2.com

Charkha
大阪府大阪市中央區瓦屋町
1-5-23
電話 06-6764-0711
營業時間：13:00 ～ 18:00
公休日：週一 ・ 週二
http://www.charkha.net

CAPITOLO 2:CIVETTERIA O DANDISMO
大阪府大阪市西區新町
1-11-9 2F
電話 06-6541-0800
營業時間：
18:00 ～每日視狀況決定打烊時間
公休日：週一 ・ 週二
http://cuocovu.blog76.fc2.com

吉野壽司
大阪府大阪市中央區淡路町
3-4-14
電話 06-6231-7181
營業時間：
10:00 ～ 18:00（可外帶）
公休日：週六例假日
http://www.yohsino-sushi.co.jp

整體與生活畫廊 nara
大阪府大阪市中央區上町
1-28-62
電話 06-6191-1121
營業時間：
平日／ 11:00 ～ 19:00
週六例假日／～ 18:00
公休日：週一（國定假日次日公休）
http://nara0317.exblog.jp

昆布土居的腳印

昆布土居的初代店主土居七音，淡路島人。隨同歷史的演進，幕府末期（譯註：日本江戶時代末期）分散在各地的淡路島民，大多從事昆布買賣的生意。身為淡路島人，土居七音也志在這門生意。就在明治年間中期他來到了大阪，進入山本家的昆布店「小倉屋」當學徒。當時的景況，據說山崎豐子的小說《暖簾》中主角八田吾平的師弟，指的正是土居七音。一九〇三年，土居七音獲得了山本師父的首肯，遂自立門戶，在大阪蜆橋（現在的梅田新道一帶）開設了一家昆布店，達成了畢身的宿願。不過草創未久，六年後的一九〇九年，大難臨頭。一場名為「北方大火」的祝融，燒盡了土居七音的店面。這場大火同時也將大阪三十七萬坪土地夷為平地，罹難人數多達四萬五千人，堪稱史上空前的大災難。土居七音也因此一度失魂落魄，暫時走避家鄉。

日後，七音重回大阪原地，打算東山再起時，孰料店面居然已經易手他人。七音百般無奈，只好轉移陣地，至空堀地區熱鬧的商店街重起爐灶。從此以後，昆布土居便在此落地生根，直至今日。到了第二代店主土居太一郎，

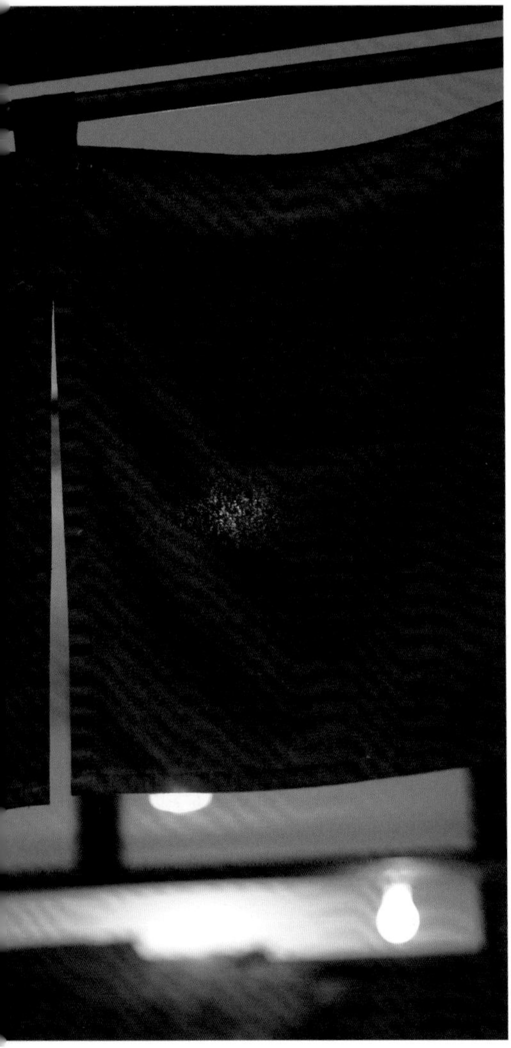

則適逢戰爭連年的動盪時期。

太平洋戰爭爆發期間，大阪市區烽火遍野，所幸空堀地區因為鄰近大阪城而倖免於難，未受戰火波及，而昆布土居也順利由家父土居三吉接任了第三代店主。由於第二代店主身體不甚硬朗，家父很年輕時便一人扛下經營昆布土居的重責大任，因此一路走過了不少艱辛。之後伴隨著日本的經濟高度成長，食品業出現了急遽的變化。食品業使用食品添加物便始於此時。這場巨變同時也影響了昆布的產地。北海道的昆布產地逐步引進了人工養殖的技術，並且改採機器乾燥，放棄了傳統古法。這段期間，昆布土居則仍舊一本初衷，堅持古法製造，以便提供消費者真正的「優良食品」。也正因如此，一百年來，我們的店面從未擴大。也因著老主顧們對於好物的堅持，以及對於昆布土居的支持，儘管人數不多，我們仍能苟延殘喘經營至今。就在去年，身為第三代店主的家父終於功成身退，決定放下他戮力經營半個世紀的事業。他老人家非常自信於自己所秉持的先人信念，和他一路走來的昆布人生。

今年，我們即將邁入昆布土居創設以來的第一百一十年。這家百年老店的成敗，前人篳路藍縷所創造的成就和奠定的基礎，如今已然掌握在第四代店主的我手中。不過此時此刻並非最糟的年代，加上歷經無數考驗和粹練的傳統本身所擁有的強韌生命力，識貨的消費者必然只增不減。今後，我將戰戰兢兢，如臨深淵，如履薄冰，虛心接受每一位支持我們的各方人士的批評指教，繼續每天的工作，做好這份承傳自先人的傳統事業。

南茅部昆布生產業者與昆布土居關係年表

在過去，消費地的加工販售業者和產地的生產業者不相往來，向來是業界不成文的慣例。直到某一天，我們發現昆布的品質不大對勁，決定親自前往產地一探究竟，從此以後，昆布土居和產地業者便建立起了深厚的革命情感，也達成了始料未及的生產成效。

藍字＝昆布土居的活動／黑字＝相關事件

年	主要活動與事件
1982 昭和57年	第三代店主土居成吉首度隻身拜訪川汲漁業協會。(1)
1986 昭和61年	平凡出版社《太陽月刊》報導昆布土居。(2)
1990 平成2年	電視節目「德光和夫電視哥倫布」（德光のTVコロンブス）報導昆布土居和川汲海岸。(3)
1994 平成6年	為祈求產地平安而奉獻川汲地藏菩薩。（首次） ※應株式會社加島屋前社長加島長先生的建議。
1995 平成7年	奉獻川汲地藏菩薩。（第二次） NHK節目「全國美食名鑑」（全国うまいもの名鑑）報導昆布土居。
1999 平成11年	始於南茅部町立磨光小學教授飲食教育。(4)
2000 平成12年	漫畫《美食大挑戰》（美味しんぼ）介紹昆布土居。(5) 
2003 平成15年	完成川汲地藏菩薩第十次奉獻。
2004	

(1) 在共同販售制度的流通型態下，業者主動造訪產地向來是業內一大禁忌，而昆布土居第三代店主土居成吉卻決定隻身造訪川汲漁業協會。

(2) 這篇由已故編輯平澤正雄親自採訪撰稿，並詳實傳達川汲海岸現況的報導，為昆布產地業者和昆布土居之間奠定了穩固的互信基礎。

(3) 由廣告製作人兼散文作家檀太郎負責撰稿，並由曾拍攝「水手服和機關槍」的已故電影導演相米慎二首度執導拍攝。節目中亦播放了在川汲海岸的採訪畫面。

(4) 從小學五年級各班開始教起。

(5) 由電視節目製作公司吉本興業的野山雅史先生撰稿簡介。從此磨光小學亦開始以漫畫《美食大挑戰》做為飲食教育的授課教材。

漫畫《美食大挑戰》第 77 集（小學館 BIG COMICS）©Tetsu Kariya・Akira Hanasak

(6) 與全球首創昆布養殖，為南茅部帶來莫大貢獻的已故業者吉村捨良先生[illegible]採收。這份協助採收的任務每

Gagnaire）造訪昆布土居。(7)

2006 平成18年	於磨光小學飲食教育課中，傳授真昆布高湯大阪燒作法。
2007 平成19年	南茅部高中昆布業者未來可能繼承的學生，於秋季校外教學時造訪昆布土居。(8)
2008 平成20年	第四代店主於南茅部高中對全校同學發表演說。 **南茅部高中校外教學，五名同學造訪昆布土居。** 磨光小學飲食教育課邁入第十年。
2009 平成21年	**南茅部高中校外教學，全體同學造訪昆布土居。**(9)
2010 平成22年	首度向產地提出「樂活方案」。
2011 平成23年	**日本教職員共濟生活協會發行《教職員共濟通訊》特輯中，報導磨光小學飲食教育課程。** **南茅部漁會川汲支會青年部四名成員，為考察消費地造訪昆布土居。** **磨光小學須藤校長為長年奉獻飲食教育，頒發昆布土居感謝狀。**
2012 平成24年	**漫畫《美食大挑戰》原作者雁屋哲夫婦參觀昆布土居第十四年飲食教育課。** 同日，雁屋哲於南茅部公民會館舉辦演講，講題為「昆布的價值」。 於川汲會館播放電影「空想的森林」。(10)
2013 平成25年	**飲食教育課邁入第十五年。** **川汲支會頒贈大漁旗，恭祝第三代店主土居成吉功成身退。**

※我們省略了未特別提及產地的媒體報導

部昆布和天然真昆布高湯的誘人魅力，南茅部的昆布亦因此獲得了極高的評價。同時NHK節目「邁向世界的日本料理」（世界を駆ける日本料理）也詳實錄影轉播了造訪當時的情景。

(8)

部分同學小學時曾上過昆布土居的飲食教育課，成果可見一斑。NHK節目「從產地出發！食物一直線」（産地発！たべもの一直線）於採訪時，要求繼續採訪川汲海岸。過程中使用南茅部昆布製作高湯，並作成章魚燒供同學品嚐。在場尚有西餐廳「豚玉」、日本料理店「伊萬邑」、蕎麥麵店「蔦屋」，以及漫畫《美食大挑戰》原作者雁屋哲、攝影師鴻上和雄等人助陣。事後產經新聞（記者北村博子）和朝日新聞（記者關根和弘）亦報導了現場實況。

(9)

日本料理店「伊萬邑」和《大阪名物》合著者團田芳子女士亦到場聲援，同時在空堀商店街的章魚燒店舉行真昆布高湯章魚燒試吃活動。

(10)

此電影原屬昆布土居於平成二十三年所提出的「樂活方案」的一環，創造了一次帶動民眾思考何謂快樂生活的機會。導演為田代陽子。

昆布土居與眾不同的堅持與產品標示

在昆布土居的廠房裡，完全看不到任何食品添加物，也絕對找不到半點化學調味劑、酵母抽出物之類的人工鮮味調味料。原料一律採用國產品。原料的原料，譬如醬油，即使溯源至黃豆、小麥，也全屬國內生產，畢竟國產品最讓人安心。大量採用進口原料，即便品質優良，價格實惠，終究有損國內的一級產業。我們期盼為所有和食品相關的人士，建立良性互動、互信的關係，包括從一級產業的生產者，到最末端的消費者。昆布土居今後仍將繼續探尋優質的原料，同時盡可能降低耗費在推銷、宣傳等活動的開支，盡可能用最低廉的價格出售我們的產品。

近幾年來，越來越多人開始認同我們的理念，這正是我們所樂見的。譬如我們已經收到了來自國外食品販售業者的訂單；在國內，也出現了一些關心食安問題的人士，主動舉辦了一些相當精彩的理念推廣活動。這些人士，其實，他們原本所從事的工作和食品毫不相干。好比說由名設計師長岡賢明所帶領的D&DEPARTMENET團隊，他們對於食安態度之積極，便是其中最好的例子。此外，昆布土居也致力於產品標示的改良，期盼在不影響廠商產品機密的前提下，盡可能地詳實記載。因為我們認為，產品標示是消費者取得食品資訊最重要的管道。

舉例來說，「本格十倍濃縮高湯」（四〇〇毫升裝）的產品標示，我們詳細記載了「天然真昆布（函館市白口海岸）60g、柴魚枯片（鹿兒島縣枕崎市）30g、柴魚片（鹿兒島縣枕崎市）30g、食鹽（高知縣幡多郡）10g（份量為使用量）」，細切鹽吹昆布的產品標示則是「高湯（水・柴魚片・天然真昆布）42%、昆布（天然真昆布）26%、醬油（黃豆・小麥・鹽巴）23%、味醂（糯米・米麴・米酒）3.5%、酒（米・米麴）3.5%、和三盆糖1.4%，全屬國產（使用比例）」。有人向我們反應，這樣詳實的記載，「與其說是產品標示，簡直是密技大公開

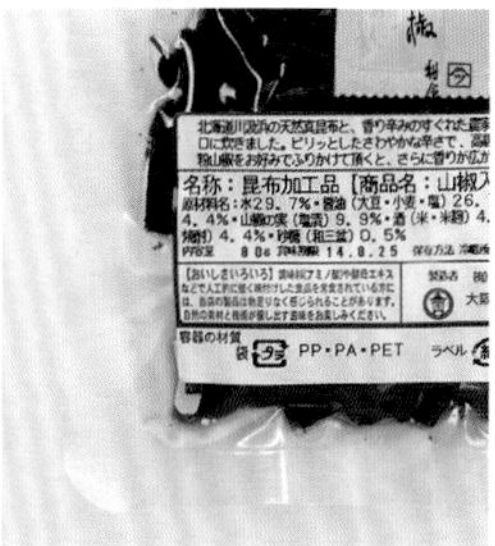

嘛！」不過到目前為止當真無人抄襲。相反的，我們寧願有人願意起而效尤，相信這樣對大眾的飲食一定更具正面的意義。

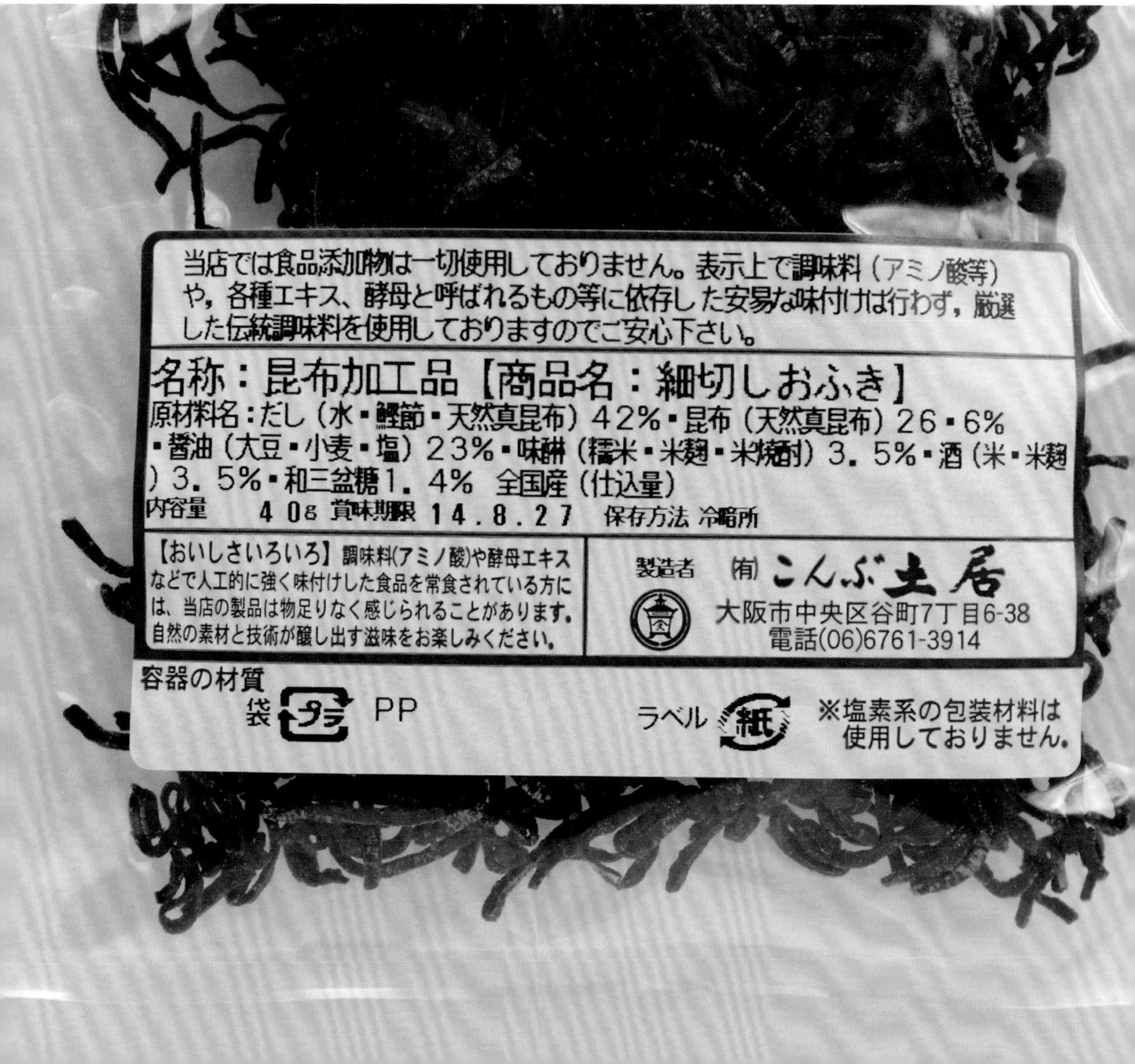
当店では食品添加物は一切使用しておりません。表示上で調味料（アミノ酸等）や，各種エキス、酵母と呼ばれるもの等に依存した安易な味付けは行わず，厳選した伝統調味料を使用しておりますのでご安心下さい。
名称：昆布加工品【商品名：細切しおふき】
原材料名：だし（水・鰹節・天然真昆布）42%・昆布（天然真昆布）26・6%・醤油（大豆・小麦・塩）23%・味醂（糯米・米麹・米焼酎）3．5%・酒（米・米麹）3．5%・和三盆糖1．4% 全国産（仕込量）
内容量 40g 賞味期限 14．8．27 保存方法 冷暗所
【おいしさいろいろ】調味料(アミノ酸)や酵母エキスなどで人工的に強く味付けした食品を常食されている方には、当店の製品は物足りなく感じられることがあります。自然の素材と技術が醸し出す滋味をお楽しみください。
製造者 (有) こんぶ土居
大阪市中央区谷町7丁目6-38
電話(06)6761-3914
容器の材質
袋 プラ PP
ラベル 紙
※塩素系の包装材料は使用しておりません。

只為大眾能與優質食品相遇

一般民眾往往會以食品的包裝設計，決定購買與否。其實，內容物才是外包裝上的重點所在。我們建議每一位消費者都能將焦點集中在食品包裝上的原料標示。倘若標示中的原料，都是我們自家廚房裡常見的食材，原則上都可以安心購買。但是倘若其中包含了許多陌生的物質、化學名稱，那可就要格外當心了。而且，食品的標示，實際上並不代表全部的內容。好比說某項加工食品的原料標示上，並未記載鮮味調味料，但其實卻含有鮮味調味料。因為法令規定，加工食品的原料標示僅需記載食品所直接採用的原料名稱，和間接使用的食品添加物即可。問題是，廠商所採用的原料，譬如醬油，裡頭很可能摻入了大量的酵母抽出物或水解蛋白之類的鮮味調味劑，因為酵母抽出物和水解蛋白，法令上將它們視同如黃豆、小麥一般的原料，而非食品添加物。

事實上，我們從許多號稱並未添加鮮味調味料的商品中，都吃出了非常濃厚且不自然的鮮味。由於一般民眾幾乎鮮少取得這類訊息的管道，因此我們才開始意識到資訊提供和教育推廣的重要。此外，我們也發現國內存在著眾多生產優質食品的廠商，然而其中許多商家卻因為銷量不佳而正面臨著生存的考驗。

為了讓我們的社會能夠擁有更多的優質食品，商家最需要的就是消費大眾的理解和支持。我們真心樂見，每一位消費者在發現了優質食品以後，都能繼續主動購買，乃至於介紹給親朋好友。因為我們相信，唯有維持消費者和商家彼此的互信關係，才是讓優質商品繼承傳承的至要關鍵。昆布土居身為「良作食品會」的一份子，也願意藉此機會，列出我們所持續推廣的「優質食品的四大條件」和「生產優質食品的四項原則」，提供讀者做為日常選購食品的參考。

茶水間（Pantry）都島店

大阪府大阪市都島區中野町 5-13-4 電話 06-6929-1771
營業時間：10:00～21:30 僅新初公休

「與優質食品相遇」標誌之一（看板）

「與優質食品相遇」標誌之二（標章）

D&DEPARTMENET
OSAKA

大阪府大阪市西區南堀江 2-9-14
電話 06-4391-2090
營業時間：店頭／ 11:30～20:00
餐廳／ 11:30～24:00（最晚點餐時間 23:00）
公休日：週三

『優質食品的四大條件』

一、【安全為要】為保障消費者吃得安心，嚴格挑選添加物，並堅持食品衛生。

二、【美味可口】不論外形、色澤、香氣、口味，一律堅持原汁原味。

三、【價格合理】堅持反映品質的最低售價。

四、【童叟無欺】堅持拒絕採用非法、過度包裝，以及誇大不實的銷售手法。

『生產優質食品的四項原則』

一、【原料優質】確定來源，保證安全和品質。

二、【廠房衛生】確實保養機具和設備，並經常維持廠房清潔。

三、【技術優良】擁有正確分辨品質的眼光和發揮原料特性的手藝。

四、【良心經營】品質重於牟利。

懷抱「專業的良心」，關心地球環保。

有關良作食品會及其商品，歡迎參閱良作食品會網站，其中亦公布有各商品的販售資訊。
http://yoisyoku.org

跋

但願這本書能真正為讀者帶來健康且美味的飲食生活。而這樣的飲食，我相信是源自於日本傳統、優質的飲食文化。行文至此，我不禁想起幾位一路協助我們完成本書的朋友。

首先是負責編輯和發行的 Bia 株式會社的和久田善彥先生，負責採訪、設計、排版的協力公司 IN/SECTS 的掛川千秋女士、山崎真理子小姐、松村貴樹先生，為我們拍攝美美照片的攝影師大塚杏子女士，協助製作菜單和實地參與下廚的森智惠子小姐，下筆成畫的插畫家森廣子小姐，擁有豐富出版經驗並且提供我們諸多建議的 CHARKHA 雜貨店的久保良美女士，以及分享各式菜色的諸位料理師傅和其他曾經為這本書付出過心力的每一位，真心感謝您們。最後我還要特別感謝 STANDARD BOOKSTORE 的中川和彥先生，因為有他，這本書才得以催生付梓。

我想昆布土居這一百一十年來的經營，我們所得到的最大的資產，既不在名，也不在利，而在於能夠和無數了不起的諸方大德相遇相知。我也要藉此機會，深深感謝您們的厚愛與栽培。

平成二十六年八月

昆布土居　土居純一

昆布土居

542-0012
日本大阪府大阪市中央區谷町 7 丁目 6 番 38 号
☎ 06-6761-3914
營業時間：9:00 ～ 18:00
公休日：週日、日本國定假日（新曆年和夏季各公休一週）
網址：http://www.konbudoi.info

國家圖書館出版品預行編目資料

土居老舖傳承百年の昆布家常味 / 土居純一、土居京子、土居成吉 著 ; 桑田德, 黃郁婷譯. -- 初版. -- 臺北市 : 原點出版 : 大雁文化發行, 2015.03
112面 ; 18.4*24.4公分
譯自 : 大阪.空堀こんぶ土居 : 土居家のレシピと昆布の話
ISBN 978-986-5657-11-6（平裝）

1.食譜 2.日本

427.131 104000187

土居老舖傳承百年の昆布家常味

作者　土居 純一、土居 京子、土居 成吉
譯者　桑田德、黃郁婷
封面設計　蔡南昇
內頁構成　黃雅藍
執行編輯　邱怡慈
行銷企劃　郭其彬、王綬晨、夏瑩芳、邱紹溢、陳詩婷、張瓊瑜
總編輯　葛雅茜
發行人　蘇拾平

出版　原點出版Uni-Books
地址：台北市105松山區復興北路333號11樓之4
Facebook：Uni-Books原點出版
Email：uni.books.now@gmail.com
電話：02-2718-2001 傳真：02-2718-1258

發行　大雁文化事業股份有限公司
地址　台北市105松山區復興北路333號11樓之4
24小時傳真服務：02-2718-1258
讀者服務信箱：andbooks@andbooks.com.tw
劃撥帳號：19983379 戶名：大雁文化事業股份有限公司

香港發行　大雁（香港）出版基地・里人文化
地址：香港荃灣橫龍街78號正好工業大廈22樓A室
電話：852-24192288 傳真：852-24191887
Email：anyone@biznetvigator.com

初版一刷　2015年3月
定價　320元

ISBN　978-986-5657-11-6

大雁出版基地官網：www.andbooks.com.tw
（歡迎訂閱電子報並填寫回函卡）